# 職場會傷人

方植永
小安老師——著

# 目錄 CONTENTS


好評推薦 007

推薦序 職場是修練智慧與自我實現的道場／李靖文 009

推薦序 工作不只熱誠，更需要時時刻刻敬業、樂業／陳慧如 012

推薦序 那些職場強者，再厲害也都曾是職場菜鳥／王東明 015

前言 在疲憊與心累的職場中，看見更好的可能 018

PART 1 夢想給的傷：理想太遠，生活卻太近

1 符合興趣的工作，才是理想的好工作？ 022

2 人人稱羨的好工作，對我來說卻好痛苦 028
3 職場的虛偽從面試開始，不懂包裝就等著失敗？ 034
4 個性溫和的我，在狼性職場裡該怎麼生存？ 040
5 對基層工作好厭倦，如何才能快速脫離？ 045

PART 2

## 職場政治的苦：潛規則難測，處處是地雷

1 工作全力以赴，為何功勞都不是我的？ 056
2 同事愛搞小圈圈，讓人無法好好工作 064
3 主管常打槍我想法，難道我只要聽話照做就好？ 072
4 大小主管的指令不同，到底要聽誰的？ 079
5 資深員工管不動，帶不了人要怎麼做事？ 086
6 虛偽複雜的人際關係，比工作更難處理 096

## PART 3

# 自我懷疑的煩：
## 明明很努力，卻過得不如意


1 拚了命工作，卻總是達不到期望，感覺很無力 102
2 同期的同事除了我都升職了，是我有問題嗎？ 110
3 才一到職就要我有即戰力，這要求合理嗎？ 118
4 什麼都要向上呈報，感覺權限低又不被信任 122
5 用舊經驗就能成功為何要改，是嫌我不夠忙嗎？ 133


## PART 4

# 成就背後的痛：
## 職位到了，朋友與快樂卻少了


1 只顧著累積戰功，卻不小心傷人也傷了自己 142
2 職位越高責任越大，寧可當回下屬快樂多了 149
3 要滿足高層要求還要體恤員工，當夾心餅乾好累 158

4 下屬充滿抱怨跟不滿，做事還要管員工心情 167
5 想跟下屬建立好關係，卻失去權威，界線好難拿捏 176
6 下屬教不會，自己做還比較快，搞得自己好累 186

## PART 5

## 停滯倦怠的悶：失去工作熱情，不知為何而戰

1 巨大壓力與長工時，讓我失去生活與工作的初衷 194
2 好久沒升職，是不是代表我沒價值，好怕會被淘汰 204
3 主管朝令夕改讓我常做白工，久了也提不起勁工作 210
4 如何找回工作的意義，療癒在工作裡受的傷？ 217

# 好評推薦

深夜展讀小安老師的力作《職場會傷人》，彷彿重新遇見那個年輕時困惑與無助的自己，並不禁輕嘆：當時如果有這本書該有多好！那麼我應該可以在這些職場上困擾很久的傷、苦、煩、痛與悶之間，少走很多彎路，早一點成為一個更好的人。

書中一個個活生生的故事以及小安娓娓道來的解方，帶我們走出職場叢林，找到工作與生活的平衡。正如書中最後他提到的「謝謝你，在我最需要勇氣的時候願意踏出第一步。」我也想說：「謝謝你，小安老師，在年輕人困惑的時候，你願意寫出這本書。」

——薰衣草森林董事長／**王村煌**

職場就猶如一場由多個障礙跑道組成的馬拉松賽道，想要在這個賽道上贏到最後，關鍵點並不在前期的猛力衝刺，而在於面對後期無數個難關面前，你仍然具備了往前突破的耐性和擺脫當下困境的方法。

困境是必然的，重要的是你能否擺正心態並找到正確的前行方向，這本《職場會傷人》是一本非常實用的職場指南，作者透過一個個真實的故事告訴你，在不同的困境下的破局之道，值得所有職場人一讀再讀。

——職場黑馬學／**黑主任**

推薦序

# 職場是修練智慧與自我實現的道場

——台南晶英酒店總經理　李靖文

聽到小安要出書的消息，迫不及待要看他的大作。乍看書名《職場會傷人》先小小心驚了一下，怕他用很銳利的角度批判職場。因為我認識的小安，約莫是近十年前了，那是在晶華國際酒店集團人資部工作時，自認為發掘到一顆在餐旅業從事教育訓練領域的璀璨「鑽石」級人才。那時的小安，非常smart與優秀，專業能力更不在話下，但對職場上許多議題的批判是非常直接而犀利，這讓我著實為他擔心之後在職涯道路上，會因鋒芒太露，招忌而受傷。

但後來因緣際會，上天把我們都帶到又不太一樣的境界，我由飯店人資主管換檔到擔任飯店總經理，小安則在累積足夠能量後很勇敢地走出一條專業講師的康莊大道。雖然後來彼此最多的相遇與交集是在臉書上幫他按讚，但默默看著他成熟穩健一步步朝理想前進，透過專業講師的角色實現自我，其實我很羨慕他，他所做的事是我很想做的。

百忙中，我仍擠出時間把他的這本大作拜讀了兩遍，真的很誠心把這本書推薦給大家。對我而言，這是我看過寫職場的書中最完整最細膩的，其中相當深入點出職場工作者在不同階段會碰到的心魔，最重要的是他給予了讀者不同思維的引導。不論是初入職場前幾年，到承上啟下的中間幹部，或在職場擔任更高領導者，相信都可以從這本書中獲得不同的啟發。職場會傷人，卻是修練智慧與自我實現的道場。

書中有非常多精采不俗的觀點，我還截出以下一小段，特別分享給我所認識的朋友們：

這幾年的英雄系列電影很紅，不論是正義聯盟還是復仇者聯盟，鋼鐵人、浩克、美國隊長、蜘蛛人、超人、蝙蝠俠、神力女超人等，除了他們都很能打之外，你知道還有什麼共同之處嗎？

他們都有正職工作，下班後才當超人的。怎麼說呢？

他們都是下了班才開始拯救世界，白天的工作是他們的養分，工作與生活並非二分法的切割，反而是相互成就的關係。

我們的生活是否能活出自己真正的期望，而不是埋怨著工作不能做自己。

看看這位一九八二年出生，經歷過跨世代巨大的演變，從使用公共電話、B.B. Call到手機；從twitter、臉書到Instagram；從過去知識與資訊的傳遞速度沒那麼快到隨著時代演進，來到了VUCA*的年代，他一路走來，如何戰勝哪些困難與低潮，習得哪些新的技能與成就。並能看著自己經歷過的傷疤，好好感謝，逐步收穫碩果。小安智慧的累積可以在本書中挖掘，非常推薦。

---

* 意思是多變性（Volatile）、不確定性（Uncertain）、複雜性（Complex）與模糊性（Ambiguous）。

推薦序

# 工作不只熱誠，更需要時時刻刻敬業、樂業

——全球五百大企業培訓講師 **陳慧如**

方植永（小安）老師是一位認真又有教學使命的老師，很開心看到他出了書，分享了職場多年經驗，讓年輕一代不用在職場上走冤枉路。這是他傾一身才華與經歷所寫出的書，一本提醒你職場的路不好走，卻仍有方法走出自己一片天的好書。

在閱讀書的過程中，有句話讓我分外有感觸：「對職場人際關係與政治潛規則的不熟稔，總是讓我們不小心踩到雷而受傷。」我常在上課中與學員分享：「努力不一定會成功，但要成功卻少不了更多紮實的努力。」猶如書中提到，沒有人會願意花錢買你不專業但是很熱愛的興趣。所以唯有讓自己不斷找對方法，並堅持下去才有可能達到你期望的目標。

我特別鼓勵大家好好閱讀Part1第五章，在這個章節中提到經歷成長、邁向成功的五個步驟，這五個步驟包含了：設立目標、盤點評估、行動計畫、回顧調整、享受過程。

其中「享受過程」是我覺得特別不容易的事，畢竟我們醒著絕大多數的時間都在職場，生命品質必定與職場體驗品質有關，如果無法享受過程，抱持良好的學習態度，那職場生活就有如行屍走肉，浪費年輕美好歲月，更甭提享受你該有的豐富人生了！小安說的對「沒有什麼比感受更重要，每個人都需要先自我激勵，看到自己的進展，才會有動能繼續前進。」

相對於小安在二十五歲時就立志當一名專業講師，我和他的職涯規劃完全不同，但相同的是，我們都是一旦決定踏上「拿著麥克風影響他人的工作」，就絕對敬業且樂業地愛上它並全力以赴的人！

我做了十八年的專職講師，過了六千五百多天的講課生涯，課量幾乎滿檔的我，若無熱情與自我紀律，如何能讓企業全然放心的把員工或主管交由我來培訓，因此我想工作不只有熱誠，更需要時時刻刻的敬業樂業才做得好！

猶記得某次我與小安同台演講，那天全程爆滿將近有五百名的學員，我知道他一早就嚴重過敏到幾乎無法說話，在沒上課之前，他也一直帶著口罩避免讓自己更嚴重，但一換他上課時，那精采的表現，讓人幾乎無法察覺他當時的身體狀況有多麼的糟糕，我想這就是為師之道最令人佩服的表率！身為前輩的我，光是這點便十分欣賞他的自律！

若工作只是純粹的興趣，便成了娛樂消遣，而職場是講求專業的發揮。忠於公司是為了公司而努力；忠於工作，你會為了要把事情做得更好而付出。

我相信《職場會傷人》絕對是小安老師傾全力整理出對職場人有用的撇步及成功之道，讀者能看到他多年工作的心路歷程及習得的智慧精華，我相信透過他的正向心理學與自身不斷努力求進步的經驗分享，能帶給職場工作者更正向的漣漪效應。

Mandy老師誠意推薦小安老師的大作，讀過後相信你不會再因職場而受傷，還能走出自己的康莊大道！

推薦序

# 那些職場強者，再厲害也都曾是職場菜鳥

——口語表達專家、企業講師 **王東明**

記得某次到金融產業內訓教課，上計程車給司機地址時，我還沒發覺，等下了車之後，才驚覺「這大樓好熟悉」，我好像走進時光隧道，倒流回到十年前剛出社會時。我曾在這棟大樓內工作過半年，當時的我，被罵得很慘，什麼都不會，連打個電話給客戶，確認工作細節，都會結巴沒有邏輯重點。發覺這個巧合後，我立刻請路人幫我跟大樓拍張合照，並傳給當年罵我罵得很兇的老闆，謝謝他當初一點一滴的教導，沒有當時他對我的「悉心照顧」，也不會有現在的我！

現在回想起來，我覺得在職場會罵你的人是你的貴人；會教你的是你的恩人。可是當時的我，卻不是這麼想的。滿腦子都覺得老闆很難搞，講的跟做的不一樣，還朝令夕改，完全無法掌控。主管也有問題、公司不好、同事不會幫

忙……好像所有的一切都是別人的錯。剛出社會的我也跟很多人一樣，很會找理由藉口，卻不會試著去找問題與答案。無法讓自己冷靜換個角度思考，這一切問題，可能是自己的問題，是自己的能力不足所造成。

在課堂上，我問過台下的主管學生，做著第一份工作的自己，是否跟現在一樣優秀？大家說得很害羞，「常被罵白癡！」「這也不會！那也沒做好」……聽完他們回答，我對他們說：「沒關係，我也當過白癡。」接著和學員們對望大笑……。

回想起自己剛出來工作的樣子，似乎真的可以激勵很多人。所以現在如果有機會跟大學生互動，我都會鼓勵他們，不需要很會念書，能畢業就好了。多花些時間參加社團，打工也好，提早熟悉社會，熟悉課本沒有教的一切，好讓自己跟工作順利接軌，培養能得心應手處理好事情的能力。在職場上，沒有人會在意你在學校分數幾分，注意的是你對待人處事的能力。在學生時期，先把自己磨練好，絕對會比同期生有更多好機會。同樣的，我也常問自己，如果現在的我去處理以前的職場問題，會不會更加圓融？我相信會的！經過時間的累積，不斷的升級、淬煉，當然會比過去沒經驗的自己還要更精練、精準！

所有「職場的強者」，再怎麼厲害曾經都只是「職場菜鳥」。在職場受過傷後，想讓自己強大，沒有奇蹟，只有「經驗」持續的「累積」。

這本由小安老師寫的《職場會傷人》很好讀，很適合職場工作者閱讀，裡頭有很多案例，以及小安老師親身的職場經歷與提醒，想讓自己更好的職場人一定要讀！把別人的成功經驗，轉換成自己處理事情的方案，好的就學起來，不好的我們拿來提醒自己，持續不間斷的修煉，提升視野、打開格局，某天你在自己的職場舞台上，便能不受傷，且輕鬆駕馭，自信發光！

前言

# 在疲憊與心累的職場中，看見更好的可能

「工作是生活的一部分，不是生命的全部。」這大家都知道，然而生活中的各種考驗，最讓我們叨念的，卻也是工作，畢竟一天二十四小時，我們貢獻了絕大部分的時間在其中。

學生時期，很少有人會好好思考自己的未來，但畢業後往往就得馬上立定工作的志向，慌張地踏出第一步後，總會擔心自己踩下的是否是錯誤的一步。當然，也有志向十分堅定的人，憑藉著初生之犢的勇氣，期待自己有能力改變世界。然而對職場的人際關係與潛規則不熟稔，總是讓我們不小心踩到雷而受傷。

進入職場一陣子，好不容易跌跌撞撞後，累積些成就了，心裡卻又莫名的對工作產生倦怠與停滯的感覺，甚至懷疑自己這一路走來的意義。不論是面對工作本身，或是成為主管，都有種使不上力的無力感。

初入職場的我，也曾嘗試衝撞體制，認為錯的事情就該被點明，卻沒留意到牽一髮而動全身的道理；也曾經年少得志擔任主管，強硬的認為對的事情就該執行，卻忽略職場人際的重要性。改革就像是細胞壞死的發炎反應，我曾經是那個被反彈的存在。當時的我求好心切的想要表現，也努力的把事情做到盡善盡美，但事與願違的，我累積的不是快樂的成就，而是一身的痛苦與傷疤。

記得在馬來西亞擔任主管時，明明在別人眼中，意氣風發平步青雲，但沒人知道，我有好長一段時間，下班開車回家時會不由自主的流淚，我不知道哭的理由，只感覺自己的心好疲累。

這之後，我轉了個彎，慢慢解開了許多過往解不出的答案，能夠走到今天，做著自己熱愛的講師工作，我很感謝身邊許多貴人指點提攜，也感謝自己對於信念的堅持。

決定成為獨立講師，是期望自己能透過經驗分享，有機會帶給他人正向的漣漪。這本書的出發點也是如此。其中的故事，是我集結了這麼多年的職場訓練課程當中，讓上班族們最痛、最苦的困境，或許恰好會與你產生共鳴；或許能呼應你當下的處境，不管如何，都希望它能夠陪伴你度過職場上你覺得苦得走不下去的那段路。我祈願的是，這本書的分享，能讓你在疲憊與心累的職場生活中，看見另一種更好的可能性。

工作不是人生的全部，卻也是最能幫助我們達成理想的方式。我相信日子是被自己苦出來的，當我們把心力耗費在埋怨跟委屈上，便容易忽略靠近理想的機會。職場的挑戰，確實會給我們帶來傷，但若能看見傷來自何處，學會在不同狀況下，得以解套或是達標的方法。今天的你將會比昨天的你，更強大，更能隨心所欲的為自己而工作。

# PART 1

## 夢想給的傷：理想太遠，生活卻太近

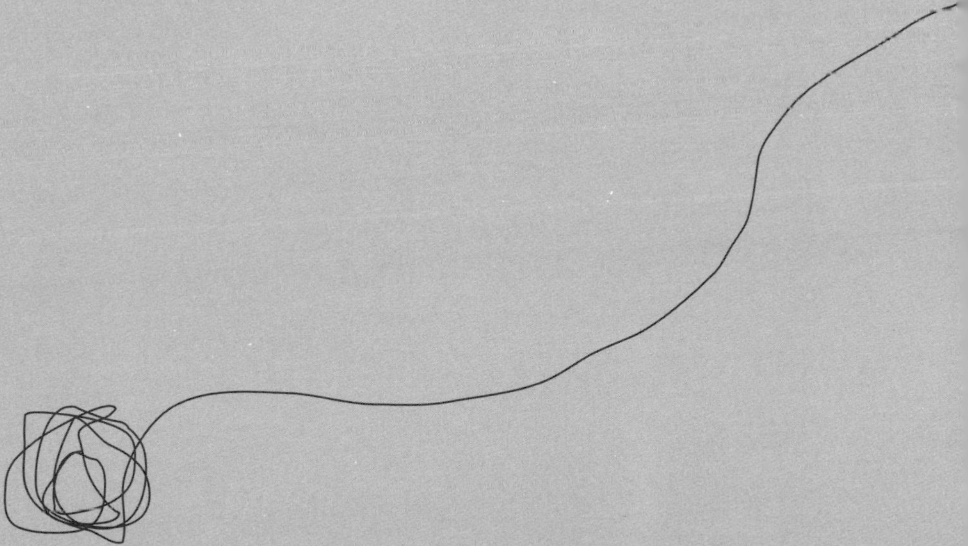

# 1 符合興趣的工作，才是理想的好工作？

傑森是法律系的學生，大學畢業後，同學們紛紛開始投遞履歷找工作。傑森當年的成績不錯，分數能上法律系，自然就去讀了。但其實他對冷冰冰的法條根本沒興趣。出社會後，雖然順利的找到了法律相關工作，但工作一陣子後，他發覺對自己來說，工作跟讀書一樣痛苦，他不禁想「工作到底是為了什麼？」、「為了混口飯吃，每天上班下班的日子還要過多久？」傑森對唱歌有興趣，他在考慮是不是應該什麼都不管，轉職做自己有興趣的事？

許多人在剛踏入職場時，做的都不是自己心裡想要的工作。有的人透過學校的實習，或是打工的經驗，擁有一些基礎的專業技能，畢業後進而找到相關工作；有的人則是從小就開始培養某種熱愛的興趣，進入了與興趣相符的職業。哪一種比較好呢？是否選擇有興趣的工作，就能確保職涯順遂？能夠快樂的工作？

**這沒有絕對的標準答案，只有最適合當下的選擇。**

**其實，工作不是A或B的抉擇拉扯，也可以是A＋B的複選產出。**

如果「生存」是當下的首要，那就選擇一份能夠發揮專業技能的工作吧！很現實的，企業會聘僱的是能夠幫助營運的專業人員，同時以薪資作為對應的報酬。**所有商場上的運作，都是你能提供一個利他且能解決問題的服務，沒有人會願意花錢買你不專業，但是自己很熱愛的興趣。**

千萬別認為選擇薪資很市儈，誰不需要錢呢？所有人都得先生存，才能談後續關於未來的規劃，這並非要你成為金錢的奴隸，而是需要權衡當下的需求。

或者你可以選擇一份不見得是你興趣，卻能夠發揮能力的工作，把興趣當作隨性為之的怡情調劑，好讓自己能蓄飽能量後，在職場上繼續衝刺展現專業。

安迪是一位專業能力強，在營造公司工作的主管，從事建築開發是他擅長的事，而他私底下真正的興趣是釣魚，但他不是去當釣手或是漁夫，而是選擇把這件事當作閒暇之餘的休閒。每次去做時，目的不是收穫的數量，而是享受那療癒的當下。

還有另一種選擇是，在工作之餘去強化興趣，讓興趣逐漸茁壯變成專業。那時候也許就能夠擴大範圍，選擇能讓兩者相結合的職務。我的一位好朋友R很喜歡咖啡，一開始他先在連鎖咖啡企業工作，學習相關知識跟運作流程，同時間進修考取國際咖啡師的執照，而今他終於如願地把興趣跟專業相結合，開了自己的咖啡廳。

這其中肯定會有過渡期，因為專業的累積需要時間，要把興趣變成專業，需要先投入與付出你的時間跟心力。**你可以在自己「能做」的事情下，運用其中的資源來滋養你的「想做」**。

## 一切過程都是養分

我大約在二十五歲就很明確的知道自己想要從事講師的工作，期望透過分享幫助人們過得更快樂。不過我也有自知之明，知道自己不可能大學一畢業就勝任這工作，所以我先善用自己的所學在飯店工作，用我能做的，取得一定的薪酬，確保衣食無缺之餘，再投資在自我成長上。放假的時候，我會參加線上或實體課程，而且多方廣泛的閱讀。上班八到十二小時後，還要自我充電，累不累？當然很累，但為了更靠近成為講師的目標，這是必須經歷的過渡階段。

除了下班後的空檔時間，在工作職務中，其實也能夠幫助自己累積，成為講師不能空有理論，還需要有實務管理的經驗，分享的案例內容才能夠更貼近職場，所以我從基層做到集團教育培訓經理，即便清楚自己最終結果不是成為管理者，**但在這段期間所擁有的能量，不論甜或苦的過程都是養分，因為我是有目標性的在前進。**

**對這個問題，感到困擾的你，或許也能想想，當興趣變成了工作，還會不會那麼快樂？**

## 熱情燒完後，剩下的才是精髓

原本興趣的存在，是只要滿足自己的喜好，就能夠得到純粹的開心。當興趣成了工作，需要滿足的還有他人的期待，不見得完全符合自己的意念。在這樣的情況下，是否仍能保有原本對於興趣的熱情與初衷呢？

卡蜜兒是一名設計師，藝術創作是她的興趣，在學生時期獨自作畫時，她相當樂在其中，但當出了社會變成工作後，她得滿足企業對於市場動向的需求，不見得能按照自己的本意創作。於是她離開企業自己接案，但即使如此，接案也會有業主的期望跟繳件的時間壓力，創作不再是隨心所欲的產物，或多或少增添了些許的妥協。假若那位營造公司的主管因為熱愛釣魚而選擇當漁夫，他需要面對的現實，可能是漁獲量以及消費者偏好魚種的壓力，不會是在湖畔邊享受著風光明媚，垂掛一支釣竿等魚上鉤的悠閒。

**如果你認為興趣跟專業結合後，就能快樂工作每一天，很有可能發現期待會有所落差。**

即便像我這樣，已經從事自己熱愛的志業，成為講師，分享自己重視的正面心理學跟管理科學，都還是會有面臨挫折低潮，不順遂的時候。所有的工作都會有你喜歡與不喜歡的部分。米其林主廚江振誠說過：「當熱情燒完之後剩下什麼，那才是精髓。先別說自己對這件事情多有興趣，試想如果這樣做三百六十五天、或是三千六百五十天，會是怎樣的狀況。」

工作如果是純粹的興趣，便成了娛樂消遣。然而職場是講求專業的發揮，企業首重的是員工能力的展現，在此基礎下如何展現自己的「熱愛」在其中，則全權由你掌控。

**在選擇工作之前，你需要盤點自己擁有的資產，哪些是能夠解決他人問題的專業技能？哪些是能夠加以培養而成為專業的興趣？哪些又是作為怡情調劑的休閒？**

工作或人生都不是單選題，但你需要對自己有足夠的了解，踏出的每一步才會有所意義。

# 2

# 人人稱羨的好工作，對我來說卻好痛苦

蘇麗在經過幾次面試之後，最終在A、B兩家企業中做最後的抉擇。A企業在產業上做了很多環保與社會公益的活動，正好跟蘇麗重視的理念很相近，但薪資待遇並不高。相反的，B企業是大集團，福利、薪資相對優渥。所有人都勸蘇麗選擇B企業，覺得這真是一份好工作，名片拿出去也響亮。但她實際進入B企業後，心裡卻不知為何有一種深深的挫折感。

投遞履歷時，有些人會希望進入有名氣的大企業，感覺未來較有發展性、能學到有制度規劃的系統，或是較為優渥的薪資福利。有些人則會選擇加入有宏觀願景的公司，希望能夠在理念文化類似的環境下工作，就如同蘇麗目前所面臨的困境一樣。

**但面對這個選擇，我反倒會建議工作前三年的職場新鮮人：「先不要選公司，請選上司。」**

## 追隨懂你的伯樂

剛出道的演員，不像大明星有挑劇本的權利，有機會就要把握，但他們只要選擇對的導演，懂得帶出最適合演員的角色詮釋，就能協助他們激發潛能，找到貼近的戲路與定位。好的導演能夠透過運鏡的鋪陳，堆疊出細膩的情感，即便是老掉牙的劇情，都會被大家說成是懷舊復古風。好的上司也是，他會教導你如何在職場叢林中生存，懂得如何培育激發你的優勢。

在剛加入職場的前三年，不論你怎麼跳槽，薪資差距並不會太大，但在這段期間，**上司給予的行為準則，會建立你對於工作的價值觀，以及應對進退的方法，奠定日後職涯的發展廣度，還能避免走一些冤枉路**。在面試的過程中，我們很有機會碰到未來的直屬上司，在對談過程中我們能藉機觀察到他的應對方式與理念，初步了解未來在他旗下工作的可能景象。面試是雙向的，求職者要「帶著問題」去面試，而非單向等著企業發問。這麼說並非要你唐突或是沒禮貌的提問，而是預先做足功課，了解企業的文化背景，並且展現積極態度。譬如你可以這麼問：

「請問在啟動一個專案前，會不會碰到夥伴之間想法不同的摩擦？通常會如何因應這樣的衝突呢？」

「若有機會錄取這份工作，我希望能夠更貼近主管的期望，想請教您在做決策判斷的準則與價值是什麼？」

「我很好奇，能否請問您對於這個職務內容的期許是什麼？我會盡力朝這個目標去達成。」

「想請問接下來貴司有哪方面發展上的規劃？我希望初步了解，好知道可以朝哪些面向去擴大學習觸角。」

如果面試的人不是主管，而是人資部門，那麼該怎麼做呢？其實你可以在面試最後詢問，接下來的面試階段，是否有機會見到未來的部門主管，希望能夠彼此聊聊認識。**當你的高度已經是錄取者的角色，關心著自己的前途，企業會因為**

**你的積極而加分**。在職場競爭的情況下，唯有表現出你的好奇心，才能強化面試印象，否則在眾多求職者中，企業又有何非錄用你不可的動機呢？

在這些提問的應對過程中，你能夠觀察主管的思維模式，或許能從中看到讓你渴望追隨的原因，也或許會看見與你截然不同的價值觀。有的面試官會滔滔不絕的闡述自己的豐功偉業；有的則是會針對你分享的內容做評論；有的相當願意傾聽跟延伸話題；有的將聚光燈歸於團隊……

人的一天有約莫有八到十小時的時間在工作，與上司、夥伴相處的時間甚至超越家人，絕對值得我們用心去準備與觀察，追隨一個懂你的伯樂，你也需要準備好成為千里馬。

## 知人者智，自知者明

選擇上司是首要的，接著才是探討理念跟薪酬。延續上一個題目的概念：「世界上沒有最完美的答案，只有最適合當下的選擇。」有的人會後悔過往做的決定，然而過去所走的每一步，都決定了走到現在的你。

R的第一份工作得到兩份錄取通知，她猶豫著到底要加入跟自己理念相同但待遇一般的新創團隊，或是一個薪資福利還不錯的公司。評估當下的情況，她希望能夠先將大學學貸還完，同時有餘力貼補一點家用，所以選擇了後者。三年後，她發現那間新創團隊突飛猛進的成長，甚至超越了她現在的公司，她相當後悔自己當初沒有堅持選擇理想，腦袋裡跑過各種不同的情境，都是假如她最初選擇的是加入那間新創公司，現在的她會有多麼不一樣。

這其實是一種蝴蝶效應，誰能說得準，會不會R加入新創公司，三年後的公司並不會有現在的卓越成績？甚至可能因此而更糟？又會不會R撐不到公司飛黃騰達，就因為繳不出學貸而黯然離開？

**每一個選擇，都是最適合當下的決定；即便你做了相反的選擇，帶來的結果也不見得是現在的情況。**

如果麵包不是你的當務之急，那麼真的要先說聲恭喜，你大可屏除薪資上的思量，專注在理想的落實上。不過請先思考一下，你所看重的理念，是否是大家都能接受的普世價值？還有你本身真的能夠落實執行嗎？還有這間企業是否剛好能助你發揮呢？

譬如：有些公司施行無需打卡的彈性工時機制，這是人人都嚮往的理念，但在這個看似不錯的制度下，我們需要認清自己是否有自律性，能夠自主規劃事項與調配時間，才能在這樣的環境中創造更好的產值。倘若你在乎環保，平常過著低碳減塑的生活，放假也去淨灘，那麼加入綠藤生機去執行綠色生活二十一天的企劃，能讓你所關注的理念被擴散。

老子說：「知人者智，自知者明。」你需要了解加入的企業與跟隨的上司，更需要真實依據自己的現況做出最適合的判斷。面試前請對薪資範圍做好研究，不要千篇一律的回答依公司規定，用自己的專業能力獲得合理對應的薪酬，同時用最好的你帶出更好的企業成長，千萬別讓企業的願景價值，成為你的框架。

# 3

# 職場的虛偽從面試開始，不懂包裝就等著失敗？

大衛下週開始要積極面試了，他約了好友泰瑞見面，希望能得到一些經驗談。

大衛說：「我下個禮拜要開始面試了，好緊張喔！為什麼你還沒畢業就已經有好幾個工作在等你？你是怎麼做到的啊？」

泰瑞一臉驕傲的說：「哈哈……這沒什麼難的，就盡量說自己的優點，面試官就是希望找到有能力的員工，所以盡量塑造自己是領導者的樣子。譬如可以說學校的分組報告都是你主導的，有哪些厲害的事情。就算沒有也要裝作有，懂嗎？」

大衛皺著眉頭說：「可是說謊包裝自己好嗎？」

面試的目的是為了讓企業與求職者透過交談更加認識彼此，這跟談戀愛某程度上有點類似。在第一次約會時，你希望把最好的自己展現出來，但如果用謊言包裝自己，總有一天會被看穿。我們能做的是盡量讓優點被看見，進而找到相互契合的對象。

社會新鮮人在沒有工作經驗的狀況下，猶如一張白紙，預先充足準備是必要的。《中庸》裡提到：「凡事豫則立，不豫則廢」，簡單來說就是：「成功永遠是給做好準備的人。」現在學校都有輔導老師可詢問職涯發展相關問題，網路上也有諸多求職資訊可參考，但不要把坊間的面試考古題作為標準答案去背誦，而是去思考如何透過提問，讓自己的能力跟特質，得以在短時間內被面試官看見。

## 面試是認識自己的機會

許多企業人資喜歡在面試時問求職者：「你覺得自己的缺點是什麼？」多數人為了將自己包裝成沒有缺點的模樣，會有類似的回答：「我的缺點就是太過完美主義了，很注重細節，希望把事情做到可圈可點，所以有時候跟我共事的同伴會覺得有點壓力，我認為自己需要再調整一下，不需要那麼吹毛求疵。」老實說，若你是面試官，會覺得這是缺點嗎？其實企業在經歷無數的面試經驗下，像這樣經過包裝後的制式答案，他們一定能聽得出來。

那麼該如何回答會更好呢？

「我是一個不擅長社交的人，不過在服務業的工作需求下，我自知需要培養人際社交的廣泛度，才能夠做到貼心周全，把顧客服務視為專業。由於是我需要強化的弱項，如果在快招架不住時，我會適度在空檔之餘給自己緩衝時間做調適。」真實的面對自己可以強化的地方，同時能夠與應徵職務做呼應，這樣的回應會引發面試官更想了解你的興趣。

艾咪說：「我的缺點是拜金的月光族，這不能跟企業坦白說吧！」在面試過程請盡量別選擇用「拜金」這樣給人負面感受的字眼，所謂的「包裝」，並非要你「假」，而是要學習用一個較為中性客觀的字彙，去闡述你所要表達的意思。例如：艾咪可以嘗試這麼回答：「我的缺點是在財務控管上比較弱，我知道在長期職涯規劃上，我應該要做好審慎的理財規劃，目前已經在學習財務分析的相關知識，同時間我也下載了記帳軟體，試著紀錄每個月的消費習慣，進而調整並做好儲蓄的計畫。」

若你是面試官，聽到這樣的回答，會不會覺得這位求職者具備問題分析與解決的能力？面試者提出這問題的目的，是希望能看到求職者如何面對自己的弱項，不但不逃避，反而展現積極想要更好的實際計畫，而非千篇一律的網路破解答案。

其實面試是一個很好的機會讓你真正認識自己，知道自己有哪些能力、優缺點、喜歡或討厭哪類型的工作，以及重視的價值觀為何。若沒有花時間好好盤點與自我對話，只會落得撒網捕魚般的亂投履歷，哪一間錄取了就去試試看，結果耗費多年時間的打轉盤旋，依舊找不到屬於自己的舞台。面試過程能夠幫助你了解產業與職務內容，以及自己的表現如何，從中看見需要自我補強的地方，不論錄取與否，都能夠透過客觀的角度讓自己更好。

**怕輸或是想贏的差別心態，會決定你是害怕沒有工作，所以想盡辦法去說一些對方可能愛聽的話；還是找到一份真正適合的工作，幫助自己順利走向目標的職涯。**

當你用迎合的方式如願被錄取了，真正在工作的時候卻不是這樣展現，強摘的果實不會甜，自己在工作時，也會很辛苦。

## 問自己能夠做什麼

服務業是一個進入門檻不高，但要活得好，必須身兼十八般武藝還要懂得察言觀色的工作。我曾經面試過一位儲備幹部，在面試過程中他展現高度熱忱與活力，當時的他也許工作經驗沒有其他人豐富，但能夠闡述自我特質跟能力如何應用在顧客服務上。果然，他在櫃檯偶有時間時，會親手摺汽球給小朋友，即便再累，每一次與顧客的溝通，也都會以笑容應對。在面試時發光的眼神，是包裝不來的，而那種真實也正是企業最想要看到的。

當然不是每個人都能明確知道自己的最終目標，鮮少人可以一次到位找到自己理想中工作，所以中間的每一段工作，可能就會定位成階段性任務的工作。**你可以不知道「想要做什麼」，但你必須知道你「可以做什麼」**。給自己至少一年以上的時間去摸索與累積，這些階段任務不該像換衣服那般的隨心所欲，過於短暫的工作經歷，還來不及讓你真正認識職務的全貌、人脈的累積、產業的生態，那些挑戰的真實樣貌也許都尚未在你眼前出現，那些值得建立的人脈關係也還沒成熟，就被畫下了句點。

**避免讓自己長時間處於階段性工作的輪迴，最重要的是透過職涯初期更認識自己能夠做什麼**。在職場的前三年，透過面試找到能夠發揮的工作，保持多點好奇心，多點主動積極。你可以詢問前輩是怎麼在這份工作中找到興趣的？主管是怎麼思考決策的？這個產業的運作模式？他人為了走到現在的階段做了哪些努力？哪些需要擔心跟注意的地方？這些都是無形的價值，也不是用薪資可以衡量的。千萬別為了得到什麼而說謊或是過度包裝，一段感情的開始也是，一段工作關係亦然。

# 4

# 個性溫和的我，在狼性職場裡該怎麼生存？

彼得生性溫吞有禮，講話也是慢條斯理，已就業的學長問他對於未來有什麼想法，彼得回答：「我只求安安穩穩的有一份收入就很好了。」學長說：「這樣不行啊，人家外面都在廝殺競爭，人人像匹狼一樣，像你這樣溫和的綿羊，到時候怎麼被吃掉都不知道！」彼得了解前輩的話，但也明白自己沒那麼大的企圖心，他不禁反覆思考著：「在職場上是不是一定要有狼性，才能成功呢？」

最近看到許多關於大陸跟台灣年輕人的比較報導，有篇報導這麼說：「大陸的年輕人具有狼性，積極奮鬥肯吃苦，學習動機也強；而台灣的年輕人只剩小確幸，像是溫吞的羊，只在乎排隊美食、壯遊跟放假。」

對於這樣的陳述，我倒是持不同的想法。在人格心理學中談到，人具有三種天性：生物學天性，這是與生俱來的特質。第二種是社會學天性，是環境與社會影響所致。第三則是獨特天性，是真正讓你感到自在的特質。

沒有人天生想成為一匹不停廝殺競爭的狼，除非情勢環境所迫而非得如此，否則不會那麼自虐性的想要長期處於高壓中。在台灣，天性活潑積極的人，在後天環境或文化的薰陶下，逐漸會被培養成要聽話、服從、跟隨規範。然而，這並不代表，這些人的內心是沒有想法的。我們首先需要感謝自己所處環境，無需養成必須競爭廝殺的狼性特質，但也需要讓自己保有不斷進化的企圖心。

並非狼性就是強者，羊性就是弱者。不論你的特質是什麼，懷抱的理想是什麼，都需要能夠融入當下的環境，展現最適合自己的特質，把獨特天性好好培養與發揮，能夠跟他人群居共存才是最重要的。你可以是一匹優秀的狼，同時也要學習如何與其他狼共存。在企業的狼群當中，我們都可能在最終成為王者，也可能被孤立放逐，或在鬥爭中陣亡。人跟狼一樣是群居動物，是無法獨活的。

## 職場上重要的不是競爭

剛踏入職場的我，曾經也懷抱著滿腔的理想，在乎自己的產能與績效，渴望改變體制、挑戰既有教條，不停地展現能力，就怕別人不知道我是一匹具有企圖心的狼。父親不只一次對我說：「兒子，細水長流很重要。」當時年少的我根本聽不懂，總以為是萬人皆醉我獨醒，後來才慢慢體悟到，許多事情是牽一髮而動全身，沒有絕對的對或錯。

**忠於公司，是為了公司而努力；忠於工作，你會為了要把事情做得更好而付出。倘若企圖心的焦點是放在與他人競爭，把身邊的人都當成競爭對手廝殺，即便是一匹優秀的狼，也是傷痕累累的孤狼。**

羊不是沒有個性，只是沒有那麼大的企圖想要稱王，但願意成就他人成王。只想安穩的做好份內的事情，默默的確保事情能夠達成，成為大家都需要的存在，這是多麼重要的角色。

職場上重要的不是競爭性，而是競合性，創造人們想與你合作共好的因子，才能走得可長可遠。第二天性顯而易見，卻不是最真實的樣貌。我倒認為不管是羊還是狼，都必須擁有想要讓自己更好的企圖心，這也是企業人才需要具備的特質，那個屬於你獨特的第三天性。

## 你需要找到自己的位置

成為企業所需的將才，需要具備三個A，第一個是Agree，能夠接受與接納這個團隊的目標，入境隨俗的學習這個環境的文化風氣。譬如Google到了大陸便調整為中文名「谷歌」；又如在日本習俗中的紅包是白色的，這是你無法去衝撞的既有風氣，需學習接納並融入。第二個是Aspiration，擁有抱負與志向，對自己有更高的期待與標準，致力於自我成長與突破。畢卡索是一個很典型的例子，沒人逼迫他改變任何畫風，從藍色、粉紅時期到最後的立體派風格，他自主性不斷地挑戰創作極限。第三個則是Ability，能力是內在與外在的總和，也就是專業技能與人際EQ的圓融。除了工作技能外，更要懂得如何與他人應對進退之道。好好培養這三個A，能夠幫助我們在職場上走得更順遂一點。

沒有人想當待宰的羊，每個人對自己的人生都有期望，只是多寡程度的不同，**千萬不要「慌」也不要「荒」**，**不需要「慌張」的想要證明自己的能力，也不要「荒唐」的想要立竿見影**。現在許多的工作複雜性很高，不適於單一領導或是王者的存在，我們不需要誓死成為最強的那個，而是找到最適合自己的位置，並且跟團隊共好共生。

最重要的還是溫馨又深刻的那句：「細水長流」。

# 5

# 對基層工作好厭倦，如何才能快速脫離？

保羅渴望自己能成為一位專業的攝影師，當年他不計辛苦與薪資進入公司當攝影助理，就是只求有個學習的機會，有朝一日能獨當一面。但當助理已經三年，還是只能做些扛器材、打燈光、聽從攝影師指令的工作，每天過得疲憊不堪，卻毫無成就感，他不知道自己還要挨多久才能達到夢想。保羅知道自己必須要累積更多的經驗，但根本不知道從哪裡開始，覺得自己在原地踏步，對於未來也感到茫然了。

每個人心中都有期望的成功樣貌，有些人是想要功成名就賺大錢，也有人追求的是安穩自在的幸福感，不論如何，都需要付出才有機會收穫。在職場上也同樣需要透過不斷的累積，才能達到期望的成就。對保羅來說，他認為自己一直在原地踏步，感覺離目標越來越遙遠，但是要追上這個目標，卻不知道從哪裡開始著手，內心感到十分糾結。

成功沒有絕對的行為準則，不是你完全複製誰的作法，就能擁有跟他同樣的結果，但所有的傑出者，都有類似的核心價值跟行為特質，想要經歷成長、邁向成功至少得具備下列五個步驟。

## ①設立目標

漫無目的的衝刺，會讓人累得半死也到不了終點，學了一身的技能，卻不知道能拿來幹什麼，自我效能感只會不斷降低，因此設立目標（Set Goal）是成長的首要。那麼該怎麼設立目標呢？

請先閉上眼，思考你想要過什麼樣的生活？是朝九晚五的一般上班族生活？還是喜歡到不同地方出差增加眼界？跟不同人接觸？或者獨立作業？

接案婚禮攝影跟拍電影都需要懂得攝影的人，但那是截然不同的生活型態。

若保羅希望保有生活的彈性，那麼接案婚攝更為適合；若他渴望挑戰大格局的運鏡，那電影拍攝也許更為貼近。勾勒出期望的生活樣貌，能幫助我們排除那些不需要走的道路。

接著設立三到五年內要完成的小目標，試著拆解走向最終目標的過程中，能夠做的節點項目有什麼，這就像是專案管理常做的WBS工作拆解結構（Work Breakdown Structure）。這些小目標可以有多個，譬如要成為專業攝影師，在前五年的小目標可以是存多少錢購買攝影器材、累積多少作品、參與幾項比賽？獲得多少獎？或是成為誰的攝影助理等。

為什麼會建議先思考三到五年就好，因為**目標會隨著人生階段不同而有所調整**，若在此當中有什麼計劃趕不上變化的事，便能在變化中微調。例如此階段依目標成為了攝影記者，但太太意外懷孕了，或許會希望調整為穩定一點的工作型態，好照顧孩子跟家務，那麼這中間的節點就需要重新調整。

此外也必須思考，在目標執行的過程，你期望跟別人建立什麼關係，思考自己在他人心中想要呈現什麼樣的形象，也將會影響你的行為。比方說你希望別人記得的你是風趣的攝影師，那麼你在每一次拍照時，就會盡可能表現輕鬆幽默；

如果你希望塑造使命必達的形象，那麼能夠準時交案，同時滿足客戶的期待就是必要的。

## ②盤點評估

知道自己要往哪裡前進，接著就要開始盤點評估（Evaluation）。**檢視自己的現況跟期望的目標有何差距？盤點自己擁有的資源、人脈、經驗，哪些有助於目標的達成，以及缺乏什麼，哪些是需要投入學習跟改變的。**

在前一單元提到，跟隨一個好的上司可以奠定我們職場價值觀，同樣的在你的每一個小目標中，設立想要成為的楷模，這個對象不見得僅限於身邊的人，只要對方身上有某些特質或能力是你所想要的都可以。也許是村上隆鮮豔活潑的構圖、賈伯斯打動客戶的簡報魅力、何藩融合中西文化的特色、或者是李安的拍攝手法……。沒有一個人是能夠完美複製，便能達到你想要的成功，所以這楷模不會只有一個人。

## ③行動計畫

全面盤點了解自己的優劣趨勢後，第三步驟便是行動計畫（Action）。一步登天是不可能的事，把每個盤點後的小目標設立節點項目，從小事情開始嘗試，不斷取得小的成就，避免因挫敗而放棄。

五年前我就有想要出書的念頭，但因為從小就讀的是外僑學校，中文造詣沒那麼好，所以有了想要出書的念頭後，我從小文章開始練習，從臉書發文到雜誌社邀稿，直到去年開始有出版社邀約，我才發現成為作家目標離我越來越近了。同樣的，想要成為專業攝影師，不可能一下就接到國際品牌的案子，從小的、擅長的作品開始，讓每一次的練習熟練，直到成為習慣。減少挫敗的機會，離成功的距離也會靠近些。

若在開始行動之後，遇到問題卡關了該怎麼做好呢？

許多人會藉由課程、講座或書本再次學習，重要的不僅是那些成功人士的成功經驗，更要取經的是他們如何失敗？如何思考與解決？即便我本身已是專業講師，也會覺得單靠自己摸索是很吃力的，可能花長時間仍劃錯重點，也可能怎麼樣都找不到更好的方法。透過前人的分享，集合了對方摸索過的精華，這概念有點類似練功。你擁有一本武功祕笈，而再遇到好的師傅時，則是幫助你打通任督二脈。

從我的經驗來看，會來上職涯課程的人不脫兩種目的，一種是公司指派無可奈何而來的人，另一種是認為自己非得成長不可的人。而我相信正在閱讀此書的你，屬於自我成長型的後者。在課堂上我們可以碰到理念類似且志同道合的人，他也許能夠補足你無法達成的區塊，有時候不用自己使力，就能找到能夠合作的人。因此建議大家可以參加相關的課程講座或社交活動，打開人脈圈。

哈佛心理學教授斯坦利．米爾格拉姆（Stanley Milgram）的「六度分隔理論」中提到，透過一定的聯繫方式，平均最多透過六個人，就能夠連結到一個當前不認識卻期盼產生連結的人。不過歷經五十多年後，今日因社群媒體的日益茁壯，最新數據顯示只要經過三點五七個人，你就能夠連接到期望的那個人，人際圈的擴展已經不是難事。

坐著枯等抱怨資源不足，扼殺了你的目標執行率，是無法改變現況的。化被動為主動找到能夠共創共好的資源，它可能是一個貴人、一堂課程或是一本好書，幫助小目標提升執行度的動能。

## ④回顧調整

成功來自於修正錯誤的速度，因此回顧調整（Adjustment），是幫助我們不斷優化目標的過程。

建議大家在每個小目標執行的過程中，約莫一季的時間，就要回顧是否需要調整，以免耗費時間跟精力後，才發現此路不通得另尋出路，而徒增挫敗感。例如：若保羅回顧自己近期的表現，發現比起拍攝人物，自己更能夠駕馭拍攝動物與自然，但他也知道，想要成為一個商業攝影師，人物拍攝是很重要的。當清楚這件事後，並非要他冒然轉職成為旅行攝影師，而是在往目標前進的過程中，增進人物拍攝的練習，在身邊朋友生日時，自告奮勇擔任攝影師，培養對於人物攝影的技能。

**彼得聖吉曾說：「人抗拒的不是改變，而是被改變。」改變是痛苦的，因為這也意味著必須要否定過去習慣與相信的事，所以我會說「轉變」就好，慢慢來**

**不要急，一點一點的微調就好，不要一次強迫自己改變，否則為了避免痛苦，人是會為了求舒服而選擇放棄，這是人性。**

## ⑤享受過程

想要降低放棄的機率，就必須營造過程中的美好，在享受過程（Savoring）這個步驟裡，就是希望你能細細品味這趟旅程。成長不是這三到五年的目標達成就結束了，它是一個個里程碑的累積，每一個小目標達標，都是為了讓自己離心中最終目標更靠近一些。如果在這三到五年中，內心充滿的是痛苦與掙扎，那麼即便好不容易達到成果了，也會因為太害怕而無法繼續下一個五年。

每年到了過年期間，我會習慣檢視自己整年度的進展、完成哪些目標項目、跟誰建立了好關係、學會哪些新東西、幫助了誰、誰又幫助了我……像這樣回想正面思考的收穫，細數這些小煙花的過程，回顧哪些正確的小行動，最終讓我成功了……嘗試複製那些成功的架構，也能幫助我提升自信與獲得更多好的感受。

**沒有什麼比感受更重要，每個人都需要先自我激勵，看到自己的進展，才會有動**

能繼續前進。

上述五個階段是不斷循環的。有的人可能會一次設立多個目標，期望擁有多項職業或身分，抑或成為多個領域的佼佼者，猶如近期很火紅的「斜槓青年」。然而我建議，在一個領域未熟稔前，先別急著想當斜槓，否則很容易什麼都沾，什麼都不專。或許我們可以藉由專注在某一個領域變成專家後，憑藉著好奇心成為斜槓，因為只要有一個核心脈絡，將會發現各種專業之間的共通之處，複製其中的成功因子成為另一個領域的架構，就能逐步從中延伸發展。但首先你必須至少在一個領域中，把核心脈絡找出來。

斜槓青年需要時間與經驗的累積才可得，不過斜槓思維值得從一開始就擁有。把自己做的每件事情做全面性的設想，並思考如何跨領域的活用跟發展，培養成長思維。

比爾．蓋茲曾說：「基因影響我們的聰明才智與天賦，但影響一個人成功與否的特質，卻並非在出生時就固定。心態才是影響個人學習、成長、人際關係、終身成就、人生道路的重要關鍵。」

上述五個步驟是我一直在應用的方法，不容易，但為了自己絕對值得。學習成長從來都是自己的事，不要抱持著學生思維等待他人餵養知識，開始以斜槓思維面對自己的成長，從無所適從成為無可取代。

# PART 2

# 職場政治的苦：
## 潛規則難測，處處是地雷

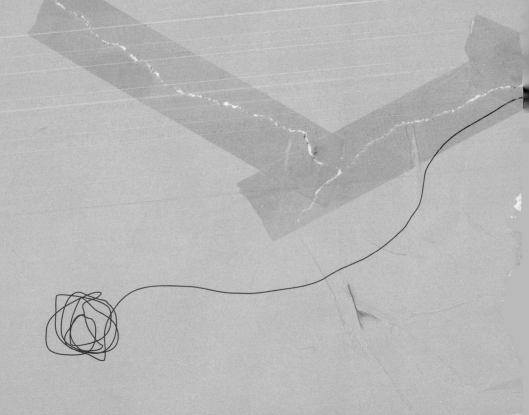

# 1 工作全力以赴，為何功勞都不是我的？

肯恩是個很努力的員工，每一次的專案都比別人要認真投入，週末還自發性到公司加班，就算沒有加班費，也會把事情做到最好。可是，當他與高采烈的把案子呈報給部門主管後，案子失敗了免不了被罵，但就算案子成功，功勞也永遠都在主管身上。為了工作做那麼多有意義嗎？肯恩感覺好不甘心……

我也曾和肯恩一樣有著類似的糾結。在培訓課堂上，大多數學員投入度極高，對於我的提問都能踴躍回應，互動、討論熱絡，也認真參與活動，在經歷一整天氣氛熱絡的課程後，我總期待問卷回饋上應該會有不錯的分數，但總是能看到幾個零星的不滿意。

我也曾遇過，不管我在台上如何賣力授課，台下就是一陣沉寂，說再有趣的梗，學員就像是比賽節目中嚴厲的評審，完全無法從表情中判斷出好惡。本以為「唉，這堂課大概是踏上講師的道路以來，最大的挑戰吧！」沒想到，課後回饋居然意外滿分，而且還自動附上讓我感動不已的心得，之後也持續邀約，成為長期培訓合作的企業夥伴。

## 認真做的每一件事，都不會是白工

我們容易被顯著的外在收穫所吸引，譬如：獎金、績效、評價、分數，這是人之常情，但**其實那些被隱藏的，才是真正值得被數算的**。愛因斯坦曾說：「能被計算的，不一定重要；重要的事，不一定能被計算。」如果我只單看課後評分來斷定課程品質好壞，便會忽略了被隱藏起來的重要因素，也就是「學員在這堂課真正學到了什麼」。

當功勞變成別人的時，必定會心有不甘，而這個功勞的掠取者多數是主管，他心裡明白真正的執行者是誰，不過就算功勞不歸你，在每一次看似做白工的過程當中，你已在他心中建立了不可取代的依賴感。對於還在熟悉職場的人來說，抱持著老二哲學，當一個襯托輔助者，獲得的雖然不是舞台、不是聚光燈、不是獎金，但換個角度來看，卻能為自己帶來長遠的獲益，成為主管信任的核心，是人際關係在職場相當重要的奠定。當主管把任務授權交辦給你，甚至讓你獨自帶領團隊負責專案，這便是一種無形的肯定。

信任，是人與人之間最大的獎勵。可惜的是，多數人會誤以為自己白白扛了更多的任務，而心裡受了傷，失去了對工作的熱情。

在剛踏入職場三到五年，是一個累積經驗的過程，試著盤點自己累積了什麼？從加入公司以來，學會了什麼？完成哪些專案？開發哪些概念？擁有哪些創新？建立什麼機制？每一次全力以赴的工作中，肯定有除了外在收穫以外的學習，在這些付出中，你比他人更了解流程、明白細節、懂得交涉、透澈全盤，而這點滴的累積會深植在你的記憶，成為你與別人不同的經驗。

**經歷是靠時間增加的數字，只有經驗才是未來成長的爆發力。**

也許有人會抱怨：「我沒有功勞也有苦勞啊！」如果苦勞的過程是一種學習的累積，那終究有一天會淬鍊成為不可取代的能力，自然會樹立起你期待的功勞。把事情做完是一種責任，思考把事情做更好，則是一種成長。這麼說並不意味執行者不重要，但是這個執行者如果不是你也可以，那麼苦勞終究只是一種勞動行為。

在工作當中做的每一件事情都不會是白工，但它就像手沖咖啡一樣，需要經歷過濾程序，慢慢萃取出最香醇的精華。

倘若只是不斷計較，你跟公司的關係只是交易，你拿到的薪酬也僅是買了你的勞動力，銀貨兩訖兩不相欠。的確薪酬與福利能解決某個階段的生活需要，卻無法給予你長遠的未來能量。試想你在面試的時候，企業會依照上一份工作的薪資條件選擇任用與否，還是評估你在上一份工作的經驗與職務？

記得我在飯店集團中擔任培訓主管的職務時，除了在國內各飯店集團執行培訓企劃外，也要到國外各館去授課，有時候花了將近二十六小時才抵達一個國家，即便抵達飯店已經將近傍晚，時差都還未能調整過來，隔天立即得進行連續三天的培訓課程。沒有任何觀光旅遊的行程或喘息時間，任務結束立馬回台灣繼續上班，籌備下一次的培訓企劃。這樣的活動累不累人呢？當然累慘了，但讓我開心的是，課程圓滿成功並獲得好評，而這個光環是被歸功於公司的，集團下各飯店肯定的也是總部的支援與資源。

「為什麼功勞不在我身上，沒被表揚就算了，領一樣的薪水，卻要做那麼多？」我大可這麼抱怨。但難道我真的什麼也沒得到嗎？那段在國際間飛來飛去的授課過程，是我成為獨立講師的重要養分，累積許多職場案例，也奠定了我跨國培訓課程的經驗。我的確沒得到實質功勞，可是那隱形的收穫，才是遠遠超越金錢能衡量的。

## 虧吃得心甘情願，才有機會占便宜

**沒有一個工作可以完全滿足你想要的，也不是每一間公司都能夠滿足每一個人的需求**。人們對薪水、福利、職位的追求只會更高，錢如果有夠用的一天，全球前百大富商們早就可以退休了。可能有人會說：「我不追求錢或權，但至少要肯定我的付出。」是的，企業要肯定員工的付出，這是必要的，但同時這也是一個無法完全掌控的因素，你無法強迫企業規劃合理的獎賞機制，也無法預測主管是否懂得鼓勵團隊表現等等。

**唯有你是可控因素，當你加入一間公司，把它看作一份工作來看時，只會把工作項目完成；但當你是全心投入一個團隊，便會自主想要把事情做好，而且會去思考能如何更好，沒有為了誰，僅是為自己負責。**

彼得服務於精品業，他發現許多顧客是藉由報紙或流行雜誌得知新品資訊，來到門市時表達想要購買某雜誌上刊登的某款服裝，或是某位明星拿的包包，但是通常店內同仁們都不清楚相關資訊。他覺得客人們都特地來了，很希望能滿足顧客們的需求，於是他開始自掏腰包購買報章雜誌、留意時尚節目是否有刊登自家產品的資訊，並加以註記還分享給各分店同仁。像這樣類似的事情，他全心投入持續無償地做了幾年後，現在已成為精品業集團內部的主管。

大家都聽過：「吃虧就是占便宜。」我則認為：「單純吃虧那就是吃虧了，唯有吃得心甘情願，才有機會占到便宜！」

你學會的，是別人帶不走的，投入的每一份努力若是出於甘願，那麼肯定都會對自己有所助益，只要願意用心去體會、細心去盤點，將會發現擁有的比想像多更多。

但假若，我們全心全意投入在工作上，並且有具體產值，過了一段時間，依然沒有得到任何形式的肯定，甚至連口頭感謝也沒有，那麼我建議大家不需要再忍耐，也許你真的跟錯上司、待錯公司了。

任何一位有能力的主管，都渴望得到人才，在面對一個有產能且全力以赴的員工，即便制度下無法給予實質獎金的回饋，至少也會盡力做到精神上的獎勵，讓對方看見自己的重要性與價值，絕不會如此狠心把人才往外推。

不過，這也是件好事，當我們發現這個地方不是人才「催化地」，而是「摧毀地」時，它只會是你的短打。這麼說並非就表示要馬上離開，若自身的經驗與能力尚未成熟，即便轉職也不見得能找到期望中對待。

先把武功練好、基礎打好，培養出能吸引別人主動找你的能量，時機成熟時轉移到下一個適合且懂得欣賞的地方，我們過去累積起來的功勞將會無比閃耀。

正如同彼得杜拉克所說：

**「你無須喜歡或欽佩你的主管，也不需要痛恨他。但是，你必須要管理他，好讓他變成你達成目標、追求成就及獲致個人成功的資源。」**

# 2 同事愛搞小圈圈，讓人無法好好工作

小萱很害怕在茶水間或廁所停留，因為這兩個地方是公司的八卦集散地，總是會聽到同事之間說人是非的話，她很擔心自己在無意間聽到不該聽的而被迫選邊站，更怕有一天，也聽到別人在背後講自己的壞話。小萱知道不管選哪邊都不對，一不小心就會得罪人，公司裡複雜的同事關係，讓她連想好好工作的心力都沒有了。

其實小團體在我們學生時期早已存在。一個班級有幾十個人，你會有三五個比較親近的死黨；全校幾百個人，你會選擇跟同班的人團結；全國上千間學校，你會選擇跟同校的人齊心。

換個場景到了職場，公司指派你跟其他部門的同事參加大型公開講座，在上百人的場合裡，比起跟完全陌生的人坐在一起，我們通常會選擇坐在即便平常沒那麼熟識的同事旁邊。

人最喜歡的對象是自己，第二個會喜歡的是，跟自己相似的人。先別急著否定，試想當你拿到一張團體照的時候，第一個找的是誰？肯定是自己，而且還要確保拍得好看對吧？成群結黨是讓人最快得到安全感的方法，跟具有共同性的人群聚，能夠建立起舒適圈，這些都是正常的天性使然。

學生時期的小團體很單純，那些一起打球、一起打電玩、結伴上廁所或一起偷偷喜歡某個男生的閨密，多數畢業後各奔東西，很少能夠繼續維持當初的溫度。社會小團體的選擇相對小心，希望自己能夠不沾腥的同時，本能性的還是會期望能夠找到安全的小圈圈，一個可以相互取暖的角落。人沒有永遠的敵人，也沒有永遠的朋友，人們相互討厭的原因可以有百百種，但凝聚彼此的原因可能一個就夠了。

各國的政治都有黨派，原本不同派系的人馬，在面對國際利益的爭奪時，敵人不再是自己國人；公司內原本有跨部門立場不同的衝突狀況，面對外部競爭者瓜分市場時，槍口自然會一致朝外。這世界並非黑與白那麼絕對，選擇一個團體的同時，不代表跟其他團體為敵，只是你剛好在這個圈子較為舒適，而他在那裡可以找到共鳴。

當然，也有一些人生性獨來獨往，一個人反倒覺得自在，自然不會有如小萱的糾結。但假如是非自願性被孤立，沒有屬於任何派系或是團體，那就要好好想想，自己是否沒有跟任何人建立共同性？在人際相處上出了什麼狀況？

## 衝突不過是立場差異

有共同性相對也存在著衝突性，所謂的鬥爭，往往都來自於立場的差異。

企業裡最常看到的是部門間的鬥爭，例如：財務部目標是為公司減少浪費開支，在核發預算的時候需要審慎把關，確保每一分錢都花在刀口上；然而研發部門則是為公司開創新的可能，即便有面臨失敗的風險，也願意為那個百分之一的成功機會而投入嘗試。飯店的業務部門為了帶業績回飯店，跟企業簽約時往往承諾客戶許多服務，然而負責執行的客房或餐飲同仁，反而叫苦連天，認為業務部不體恤他們的忙碌。**這些都沒有對或錯，只是立場不同產生的衝突。**

但仔細看，這些分屬兩個團體的衝突當中也包含共同性，不論是希望把自己的職責做好、達到業績目標，或是讓公司賺錢繼續營運，都有各自認為合理的道理。知名廣告公司李奧貝納執行長黃麗燕女士曾說：「這個世界上沒有一件事是合理的，差別只不過是在合你的理，或是合他的理。」你是否願意去了解別人的道理，將決定你與他人之間能建立的是共同或只有鬥爭。

**所謂的「無敵」，不是真的功夫了得或是萬夫莫敵，而是一個不把任何人當敵人的心態。當你能夠接受每個人的不同之處，也就不用擔心小團體的問題了。**

多數人習慣證明自己是對的，但我們也要試著想想自己有沒有可能是錯的，從中評估能否看得更全面，而不是單一角度的偏頗。同個父母生的手足，都不可能全然具有相同的思維，更何況是職場上的他與她。**先理解衝突的發生是健康的，藉由討論來相互了解，才能找到雙贏的第三可能**，不要只想說服別人接納自己的想法，那只是計較輸贏的爭論。

## 當個中立的傾聽者

佩姬說，有一天凱莉跑來跟她講蜜雪兒的壞話，為了表示自己跟凱莉同仇敵愾，佩姬也跟著說幾句對方的不是。豈知她們倆和好後，竟然炮口一致對向佩姬，事實經過也被加油添醋，最後讓自己公親變事主，搞得裡外不是人。

在公司裡，許多人都很懊惱，為何總有同事愛在背後道人是非？人天生就對負面渲染力的資訊比較有感，茶餘飯後話題鮮少會聊這個世界有多美好，大家喜歡在完美中找尋不完美，網路上負面新聞的瀏覽率總是比正面的來得高，喜愛看明星的八卦多過於公益資訊。心理學家研究，比起分享積極的訊息，一起憎恨某人能夠鑄造更加牢固的關係，這是一種從生活就開始累積的習慣，人們太習慣抱怨、批評了。

試想一群朋友聚餐的時候，其中一位得意洋洋的說他的求職有多順遂、老闆多器重、不停升官又加薪，但其餘的人都才剛踏入職場，還在辛苦摸索求穩的階段，幾次聚會以後，可能就不太邀約這位朋友了，並非基於嫉妒，只是他的話題無法讓多數人產生共鳴。

有時候辦公室的派系鬥爭，可能是背後道人是非的碎嘴，這種非正式的主觀評論在職場上是一種無法避免的潛規則，有的藉由樹立一個共同的敵人，好拉攏對方成為同一陣線的隊友，確保有人跟自己在同一條船上。也有的人本身就是雙面人，在你面前示好只是為了取得情報，然後在背後加油添醋，再加以批評宣揚。能遠離這些事就盡量保持距離，聽到了也千萬別把這些八卦往心裡去，當一個傾聽者就好，不要加以評論，更別當那個把故事傳遞下去的媒介。

在背後道人是非，損害的不僅是他人的名譽，更是自己的信譽。人的確喜愛八卦消息，喜歡嘴皮子運動講閒話，但這樣的團體不會是知己，日子久了大家也會明白事理。尤其是在職涯路上，越往上爬，越會了解管住自己嘴巴的重要。

一群人在茶水間苦惱壞掉的咖啡機，一位同事靈機一動想到主管曾經說過即便他不在，也可以使用他辦公室專屬的咖啡機，就在大夥兒準備前往主管辦公室時，小悠說：「你們確定這樣好嗎？老闆很保護自己的東西，等一下惹他不高興。」原本出自於善意的貼心提醒，但說詞像是在主管背後講閒話，在場如果剛好有碎嘴的同事，將這句話傳到主管耳中，小悠可能就成為主管眼中的黑名單了。說者無心，但聽者可能很有意。

假如你不幸成為上述故事的主角，被同事詆毀，在主管面前黑掉了，該怎麼辦？同樣建議冷處理，別讓自己的情緒隨之起舞，不要正面回應，更不要遷就他人而改變自己。被抹黑講閒話，會有情緒是正常的，但要如何反應，則是考驗自己的能耐。**不生氣是一種修為，但懂得如何處理情緒是一種修養**。

在職場上，對自己有所期待的你，終有一天會成為領導者，人們渴慕跟隨的是，即便面對負面打擊，也能以智取勝的楷模，而不是有任何風吹草動就迎前衝撞的莽夫。

我們不可能讓所有的人都喜歡我們，無論做任何事情，都有人會覺得你不好，站在反對或是批判的那一方。但我們並不是生來就是為了滿足他人的期待，沒有必要因為在意他人的看法而去討好，活在他人的評價中，等於把自己的人生交託於他人之手。

當然，如果同事的負面批評是有建設性的，可以幫助我們更好，你可以自動把那些情緒字眼消音，萃取出建言的部分來參考就好。面對那些非建設性的流言蜚語，你的確不能做什麼，無法去堵住別人的嘴，也不能改變對方的想法，但你能決定自己要跟對方保持什麼樣的關係，跟那群與你有共通性的人建立好關係，其餘的不求交心也無需交惡。同時，面對眼前的戰火，當心自己不要跳進攪和，以免成為了箭靶而不自知。

# 3

# 主管常打槍我想法，難道我只要聽話照做就好？

艾瑞克對於工作有很高的期待，很希望有機會好好展現自己的能力。因此每一次在會議上，面對同事們所提出的問題，他都會想方設法的找尋解決方案，向上呈報給主管，但主管卻一點也不賞臉。不但不獎賞他的主動積極，甚至還常打槍他的點子，讓艾瑞克感覺被打臉。遇到這樣的主管，難道什麼都不能做，只要乖乖聽話，一切唯命是從就好了嗎？

從我進行多場主管培訓課程的經驗看來，其實大多數主管們都會期待聽到員工的好點子，但員工的意見最終沒有被採納時，中間的判斷到決策的過程，卻鮮少被拿來檢討溝通，也因此造成了員工的期待落差。

若你在工作上的處境，也如艾瑞克一樣時，我的建議是，首先分析一下，自己提出的想法是基於解決個人問題或是提升公司價值？電腦太慢常當機、機器設備老舊操作困難、流程太複雜很難記住、同事太機車不想一起當班⋯⋯。這些事的確很重要，降低工作干擾是工作中必要的環節，但如果僅點出問題而沒有解決方案，對於主管來說，這些只是意見而非建議，是抱怨而非建言，這些好點子只是增加主管工作量而已，換句話說，你指派了工作給上司。

## 工作上需要的是解決問題的人

**上司請你來是解決問題並提升產值，而非單純的指出問題，或是創造問題。**

你可能會說，我不是站在自身立場，而是給主管一些新的方法或是能夠開發不一樣的市場等等，這類創新、創意類的想法，背後延伸的層面更廣泛，風險相對也比較高。當主管不採納，仍決定用自己原本的想法去執行，不是因為霸權的緣故，而是因為他是那個最終必須要承擔成敗的人，被老闆叫到辦公室罵到臭頭的也是他，不是你。如果沒有能夠說服他的更好方案，主管理當選擇他認為較為可行的路，其實並不為過。

那麼能夠讓主管採納的基準點到底是什麼呢？

主管需要的是完整性的客觀建議，一個經過審慎分析利與弊、擁有初步行動計畫的方針，或是經過審慎評估考量後的解決方案，最重要的是執行企劃者是誰，而這個人絕對不會是丟一個問題給主管，就默默期待事情會被解決的人。辦事不由東，累死也無功，事前的思考規劃是必要的，否則只會落入不斷被打槍的窘境。次數多了，主管對你的印象根深蒂固了，將對你未來的建言產生更多懷疑，而你的自信心也會被打擊，在心灰意冷之下，很自然的會停止給予回饋想法。然而當我們停止思考優化的可能時，等於放棄成長的機會。

被拒絕很沮喪、被罵很可怕，大家都懂這種心情，那種滿懷熱情卻被主管一句話澆熄的難受，任誰都不想遇見。我對教育培訓非常重視，希望每一次的課程都能達到最佳效益，所以我總追著主管跑，告訴他我認為的人才培育應該怎樣進行、需要各部門派人來參加、需要多大的場地跟資源等，後來主管看到我來上班，就直接把門關上，能躲就躲，他不是那種會直接洗臉員工的主管，但冷漠更是殘酷的否定。

一開始我也覺得為什麼自己總是熱臉貼主管冷屁股，好像只有我在乎人才的成長，後來有機會重新回顧思考後，我才發現自己只有提出想法卻沒有執行方針，而且當時公司更急迫面對的是人手不足的問題，我還要求各部門派人來上課，無疑是加劇人手匱乏的問題。

被拒絕是一種磨練，我們需要仔細思考在每一次的提案中，是否有完整的計劃？夠不夠全面？有沒有站在對方立場思考？簡報提案的能力是否需要加強？

我曾經在某飯店的會議上，和大夥兒一起討論如何能夠提升顧客服務與體驗。同事凱文提出一個想法，他覺得公司可以安排直昇機，把顧客從機場直接送來飯店，以垂降方式落地，讓客戶感覺像007特務，絕對能夠帶來最特別難忘的體驗。正當凱文興奮地分享他的好點子時，主管還沒等他說完就立馬打斷他，讓凱文在會議上感覺有點難堪。

凱文的想法的確是相當有突破性的創意，但是欠缺執行與全面的評估。該飯店的頂樓有沒有足夠的空間設置停機坪？顧客安全性是否納入考量？增加的成本費用是否足以反應在房價上？是否估算過使用量？面對如此的提案，主管當然可以有更好的回應，但想想當大家齊聚一堂，為了達成目標絞盡腦汁地想方設法時，卻有人提出不切實際的想法，你會不會覺得這個人像是來亂的？

## 全盤性的思考評估

什麼叫做全盤性的思考評估呢？下列是阿泰、小馬跟艾瑞克三個人，各別針對提升內部網站使用率，提供給主管的想法：

阿泰說：「我覺得可以把網頁資訊印下來，貼在公布欄上，或是貼在茶水間方便大家閱讀。」

主管聽完立刻打槍：「你有好好看過網站嗎？不知道我們的網站上幾乎都是影片？怎麼印出來啊？你以為是哈利波特那種會動的報紙嗎？」

小馬提出：「我們可以鼓勵大家上網站瀏覽，員工只要每個月都到網站登錄四次，就贈送獎品。」

主管回應：「那獎品預算從哪裡來？如果大家只為了拿獎品而登錄帳號，卻沒有真正閱讀網站上的資訊呢？這不就本末倒置，失去原本設立內部網站的意義了嗎？」

艾瑞克說：「當初公司設立內部網站的目的，是希望把企業宣導的資訊傳遞給團隊每個夥伴，那麼我覺得可以在員工電梯上方放置小螢幕播放網站中的影片，建議可以加上一些關於員工福利、生日活動、新進員工、優良表現的訊息。老闆提到今年的目標是希望提升大家英文書信上的技能，我們能製作一些簡單學習的單字或詞句一起播放，透過等待電梯的空閒時間，達到原本的期望目標之外，還帶給夥伴新知成長。此外，我有查詢工程部那邊有幾台閒置的螢幕，已經初步確認是可以轉給我們部門做使用，這樣就不會產生額外的開支。」

最終主管選擇了艾瑞克的方案，而我相信大部分的人也會做出同樣的選擇。艾瑞克充分站在設立網站的初衷，並想到解決問題的方式，找尋可能資源並且賦予更多其他的價值，這就是全盤性的思考評估。

或許我們會期待跟主管邊討論邊產出新的點子，但主管其實更是期望員工可以帶來雛形完整的全盤企劃，所以彼此之間有期待值的落差。如果我們碰到一位願意引導，讓自己不完整的點子更加有機會被落實的主管，請好好珍惜。但如果沒碰到，那就努力讓自己不要成為這樣的領導者吧！

我們可以從現在開始練習思考，也許會一次又一次的碰壁、遭受打擊，但絕不要因此放棄嘗試。因為當我們說出：「我放棄了，就擺爛吧！」時，這句話的力量大到你無法置信。

**它會讓我們在工作上變得隨波逐流或事不關己，阻礙我們在職場上各種突破的可能性，也會讓我們習慣丟出不加思考的想法，逐步演變成只會出一張嘴的抱怨批評。**

**點子被主管打槍不可怕，怕的是我們打槍了自己。**

## 4 大小主管的指令不同，到底要聽誰的？

阿嚕剛加入一間餐廳工作，當班的A主管給予的指令，跟負責帶他的B主管教的方法不同。為了不要惹麻煩，阿嚕決定當下先聽A主管的，等B主管當班時再改變作法。豈知這樣自以為能兩面討好的彈性作法，導致顧客發現流程差異而抱怨。A、B主管都責備阿嚕，讓他感覺滿腹委屈，不知道到底要聽誰的，擔心做錯了要被罵，又擔心選錯邊會被黑。

在上述的案例中，A與B主管屬於同職級，只是對於工作流程有不一樣的作法，當阿嚕選擇自己調整，而不是提出來跟兩位主管請益，詢問哪一種才是正確的標準，自動就把這個擔子往身上扛，出事了自然也就成了代罪羔羊。因為兩位主管從來都沒有認知到彼此的做法不同，先姑且不論到底他們是否有機會達成一致的共識，當事情出了紕漏時，首先被檢討的肯定是出錯的人。

## 兩面討好是錯誤的做法

在職場上，最美好的情況是直線性的回報管理機制，但現實中的組織架構，暗藏著錯綜複雜的職場厚黑學。你有一個直屬主管，上面還有直屬主管的上司、跟直屬上司同職級的主管，更有其他部門的主管。大家都期望公司上下價值思維跟行為準則都一致，但這是不可能的，每個人都是不同的個體，依照過往經驗與習慣，都可能有不一樣的想法與做法。

如果我們抱持著，自己能夠左右迎合，想要兩面討好的想法那就錯了。因為**即使衝突沒有在檯面上出現，私下卻老早是暗潮洶湧、猜忌無窮，想要左右迎合只會造成不可收拾的殘局**。雙頭馬車除了主管是平行關係之外，還可能有以下這樣的情境：

艾維是設計公司的員工，針對客戶的需求設計了兩種方案的初稿，並拿給主管評點。主管基於考量客戶品牌形象，選擇了第一個方案，艾維表示了解後回自己的座位時，經過了經理的辦公室，被叫了進去。

「X公司的案子進度如何？有稿子可以看了嗎？」經理問。

「有的，我這邊做了兩種方向的初稿。」艾維回覆，並遞上設計稿。

「嗯，我喜歡第二種的色調跟氛圍。」經理說。

「不過老闆，我剛剛拿給主管看，他選擇第一種方案。」

「這種案子我看多了，以我對這間公司的熟悉，他們會選擇第二種。」艾維離開經理辦公室前，看了看主管不在位子上，只好默默回自己座位，邊走還邊小聲碎念：「吼，到底要選哪一個？你們怎麼不去打一架，我現在要聽誰的啦！」

這是典型的主管跟主管上司意見分歧的案例，你既不敢不聽主管的，更不敢違抗更高階的經理。也許你認為聽最高階的準沒錯，但最後出錯了，直屬主管也是怪罪於你，而高階經理不見得會為你挺身而出，最後會搞得自己裡外不是人。那麼選擇聽直屬主管的話比較安全嗎？會不會主管反而怪罪你為什麼不遵從高階經理的想法呢？

在職場上，多頭馬車是不可避免會遇到的事，但即便如此都好過無頭蒼蠅，不給下屬明確方向與標準，讓大夥兒像是飛蛾撲火般碰撞嘗試，並不會比較好過。當然，**主管不同調也實在讓人困擾，但要知道這不代表這工作得放棄，遇到這樣的事，反而是讓你學習溝通協商的機會，從中找到微妙的平衡方法。**

## 保持中立的傳遞資訊

其實我們從小就在多頭馬車的情境下練習成長了。小時候我們就被教育要懂得尊師重道，看到老師杯子的水沒了要幫忙裝、看到老師提重物要幫忙拿，但即便我們主動這麼做，在老師面前會因此而加分，也不見得願意去做。因為我們會擔心被同學貼上馬屁精的標籤而受到排擠，所以很多人會選擇站在與同學同一陣線，因為他們是跟你相處時間更長的人。

在家庭裡，大多時候父母的意見也不一致，有時候媽媽說這麼做，爸爸卻說那樣做，也搞得你很亂吧？當時你的做法是什麼呢？是跟媽媽分享爸爸的意見，跟爸爸提媽媽的想法，然後讓他們自己去協商？還是你會選擇聽一方的，而且通常是握有家裡決策生殺大權的那一方？

在職場也一樣，首先我們要先知道誰對我們有最直接的影響，通常是負責評定你的績效和薪酬升職的人，他會是我們主要彙報的對象。碰到意見分歧時，不論是同職級主管的標準不一、跨部門主管下指導棋，或是高層給予意見指令，都需要回報給你的直屬主管，由他來做最後的裁定，若你搞砸了，他也不見得能置身事外，理當有權知道全盤資訊。

如果在當下有急迫需要執行的事，仍以該班主管的指令為優先，但不代表事後就當沒事，等到下一次有問題再說，這樣只會讓問題如滾雪球般演變成不可收拾的地步。**與兩位主管溝通回報，重新對焦是必要的，保持中立傳遞資訊，讓兩位主管進行溝通，即便他們可能會產生爭端，也不要自動攪入這場戰局或煽風點火，最終以直屬上司給予的決議來行動**。就好比父母親的意見不同，你會讓他們去溝通而不是介入，投射到職場上也一樣，把溝通權交還給上頭吧！

## 保留證據是為了保護自己

當面的對焦釐清後，可以善用電子郵件做最後的資訊統整，同時將信件寄給兩位主管，一方面可以重新確認是否有一致的共識，二來也是保護自己。這封信件就像護身符，下次如果有任何一方質疑為什麼你這樣做，就能禮貌性的回覆：「A主管是這樣的，我能夠理解您對於目前的做法有不一樣的見解，針對此事我們在上一次與B主管討論後，有初步的共識，會後我發了電子郵件彙整，不知道您是否有收到？還是說我需要稍後再寄給您一次？」

你可能會說，主管會耍賴翻臉，即便有信件佐證也當作沒發生。也許有，但絕大多數的主管都不是壞人，沒有人喜歡每天上演爾虞我詐的戲碼，寧可相信主管因為事務眾多而貴人多忘事，善用信件工具提醒他，這麼做也能幫助自己有個資訊整理的依據。

在每一次意見分歧的時候，先冷靜分析兩位主管決策差異在哪裡？溝通協商到取得共識要如何進行最快速？如果你是主管會怎麼做……從這些問題開始練習成為領導者的思維，因為你有一天也會成為主管，而公司能培養的是技能，決策判斷的思維則是靠自己的累積。

不論面對哪一種「多頭馬車」的狀況，都不要讓「怕」成為你的阻礙，怕被罵、怕麻煩、怕求救，事情不但不會解決還會延燒，只會讓我們做事綁手綁腳。透明的溝通格外重要，不是要我們打小報告或是越權跨限，也不是要當個牆頭草或是應聲蟲，但千萬別以為低著頭埋頭苦幹就會沒事。

職場上最重要的不是做事，而是懂得做人，否則極可能被當成炮灰或箭靶，最後一身傷。

# 5
# 資深員工管不動，帶不了人要怎麼做事？

小戴能力好，爬升很快，二十三歲就成為帶領十五位員工的小主管。但部門內的多數員工，不是年資比他長，就是年紀比他長。他嘆了口氣說：「指派任務的時候，碰到比較困難或是吃重的工作，都不好意思叫年長的下屬來做，感覺很像在命令爸爸媽媽或是叔叔阿姨。資深員工也容易倚老賣老，用他們過往經驗來影響其他員工，甚至還把我的話當兒戲，明明我才是主管啊！」

當今職場上已經不是「戲棚下站久就是你的」的年代，越來越多企業願意屏除年資與年紀的考量，拔擢有能力的年輕在職人。然而許多管理者，往往是懂得

「管事」，不見得擅長「理人」，以致於有越來越多「疑似」跨世代領導的問題產生。像是「資深員工很皮不好管」、「新世代員工是草莓族」、「年長員工很僵化頑固」……這類的說法。標籤化的結果，反而拉大了彼此之間的成見。

為什麼說是「疑似」呢？因為我認為這是無法做到人和，所冠上的合理化理由。其實，同事就是同事，不分年齡、職級與年資，大家在同一間公司裡面，便是同一個團隊，只有分工與加入的時間不同。當然，外顯差異是存在的，但是人的內在需求是不會隨著時代而更迭，只是呈現的行為方式看似迥異罷了。當代心理學家克勞斯·葛拉維教授（Klaus Grawe），以科學結合心理，提出的五大基本心理需求，身為主管者，若能夠盡量滿足下屬這些心理需求，便不會輕易被年資或年紀的表象所侷限。

## ①展現自我價值的需求（Need of Self Values）

沒有人喜歡被「管」，身為主管，最重要的工作是確保每個人各司其職並發揮所長，以達成組織目標為使命。**主管不是以階級來確定自己在職場上的價值，**

**而是能夠認知到每個同事都是獨一無二的，當主管能了解下屬擁有各自的特長，就會調配適合的領導方式**。

資深員工在公司的時間可能比你久，年長員工的經歷可能更為豐富，許多事項其實他們都知道該怎麼做，這時候主管需要給予的是，得以揮灑的舞台，鼓勵他們傳承分享自己成功的經驗，並相信他們能夠把能力展現出來。別吝嗇你的肯定與掌聲，他們渴望的是多年付出被看見、被重視並被認同。

一位企業二代曾經這麼跟我說過：「但我就是怕這些老臣皮了，用偷懶的方式教壞其他員工，讓大家都不按照公司SOP走」。我倒認為，只要是不違法、沒有牴觸到公司規章或利益，用多年經驗萃取出來的小撇步，若能夠幫助其他同仁更有效率的把事情完成，並沒什麼不好。倘若主管抱持著什麼都非要聽我的心態帶領員工，抹煞了員工自我價值需求，沒能善用資深夥伴的經驗，受到最大損失的還是自己啊！疑人不用，用人不疑，若覺得此資深員工會搗亂，會用錯誤的方式帶壞其他人，那不任用反而是對彼此都輕鬆的解套出口。

大家都喜歡看大廚傳授的私房小撇步，有什麼方法可以快速上菜，有什麼技巧可以創造豐富味蕾，然而在職場上使用這些小撇步，卻被視為偷懶或是帶壞其他人的行為，而喪失了員工自我價值展現的機會，是蠻可惜的一件事情。

## ②掌控的需求（Need of Control）

人不喜歡一成不變的乏味，但對於無法掌握的挑戰也會引發恐慌與擔憂。所以擁有掌控權與安全感，對人的心理層面相當重要，一旦承受太大的改變與壓迫，就會產生壓力跟不平衡，而人的本能反應會為了保護自我而出現防衛行為，引發的行為就是衝突、抗拒。

沒有人在上班前，祈禱今天會搞砸一切、做錯事情被責備，也沒人希望工作有一天沒一天的，看不到升遷或是未來發展。在找工作時，所有人都希望找有一定規模、可以準時發薪水的公司；工作上也渴望有所準則依循、有人指導帶領，而那些資深或年長夥伴也渴望同樣的安全感。

阿俊是一間傳統製造業的機械組裝師傅，在公司待了四十多年，從董事長創業的第一天就跟隨至今，對於機具以及公司大小事都瞭若指掌。年輕主管傑森請阿俊指導新人，希望能夠將他精湛的技術傳承下去，然而阿俊幾乎都是自己快速且默默地組裝完繁瑣的機台，把新人晾在一旁，而不太願意教。

傑森忍不住跟阿俊說：「我們很感謝你對於公司的忠誠，也很肯定你的能力。一般人一天組裝兩台機具已經很厲害，不過你一天可以組裝至少四台，肯定有什麼厲害的方法可以教大家。你也快到退休的年紀了，把這些技術傳承下去，讓後輩都延續你的才能，有什麼不好嗎？」

阿俊激動的說：「這是我多年累積的經歷，如果隨隨便便就教給了新人，那我還有什麼價值？你們就是嫌我老，巴不得我快點走，不想要我領退休金對吧？我才不會上當。」

傑森聽了阿俊的話，了解他的糾結後，爭取了機械品管教練的職稱給他，讓阿俊不用扛組裝業績，只要負責把員工教會、確保組裝品質、掌握每位員工的學習進度就好。除了職稱升級之外，還給予他額外的福利，並且簽訂絕不會在退休期屆滿前無故開除的合約，這麼做大大降低了阿俊心裡的不安感。

**阿俊不是不想教，公司也不是沒肯定他的價值，只是起初內心的不安感沒**

**被滿足**，害怕自己提早邁入三失老人的狀態：失去健康、舞台與穩定收入。現在他樂於目前的職務內容，感覺自己像是球隊教練般，顧好每一位球員幫助大家提升能力，在各自的崗位上發揮就好。傑森的做法降低資深員工對於改變的不安全感，也留下了熟稔且專業的教練。

## ③一致的需求（Need of Consistency）

人都會有差別標準，就連心臟都不在正中間了，偏心與偏好也是理所當然，但放在職場上，卻不是好的管理行為。

標準與規範像是說在前頭的醜話，需要預先做好設定，每個人都遵循同樣的準則，做錯了就對事不對人，沒有大小眼的秉公處理。好比說有些員工遲到可以睜一隻眼閉一隻眼，有些人遲到嚴格扣薪；資深員工因為資歷深，所以應該要做對，對於資淺者的容錯率較高。許多決策背後也許有其他考量，以至於前後行為標準不一，主管並非故意如此，但這樣的行為卻容易被下屬誤以為是主管在與自己作對。

假設你請資深員工幫忙帶新人，同時承諾會降低他原先的工作量，以確保有足夠時間好好教導。但客戶臨時增加單量，需要投入更多人力協助完成各事項，這時候突然又必須把工作交付給這位資深員工，儼然推翻了你原先的承諾。碰到這樣情非得已的情形，預先跟員工做好溝通是必要的，清楚說明事情的原委，讓他明白這並非因個人主觀因素造成前後不一致的結果。譬如主管可以這麼說：「先前請你帶新人，也承諾你會減少部分工作量，不過因為某客戶臨時加單，我需要熟稔流程與客戶習性的人來輔佐這個案子，你是我第一個想到的不二人選。考量到你同時間要帶領新人，為了別讓你過於負擔，我們能否一起思考，看是調整你其他的專案，或者再加入另一位夥伴跟你一起執行這個案子？」

滿足前後連貫的一致性，這也是確保安全感的一種表現，大家都討厭說話不算話的人，**如果有變化的必要性，請花時間好好說明，別讓主觀偏好左右了你的領導力**。

## ④追尋樂趣的需求（Need of Pleasure）

學生時期的我，很喜歡打籃球，午餐時間寧可不吃飯，也要去打球。時間還沒到，魂早就飄到球場去了，不停地看著手錶，感覺上課時間「度秒如年」，相反的打球的時候，卻感覺好短暫。

人性有著趨樂避苦的需求，對於我們熱愛的事情，會用心投入並且覺得時間飛快，然而面對那些痛苦的存在，一點點就會讓人感到負面想逃。生活不會是全然的快樂，工作也是。在職場上辛苦的事情很多，身為主管的我們，若能夠善用趨樂避苦的人性，就能降低下屬的緊張感，並提升工作投入度。

許多主管在帶領資深下屬時，會無意間這麼說：「因為你比較資深，所以不應該犯這種錯」、「因為你比較資深，這件事情就交給你辦」等等。當「資深」成為了重擔，不僅要擔比較多的責任，對他只有要求與責備時，反抗心理自然會流露出來，這個反抗不見得是戰鬥（Fight），有時候會是逃避（Flight），所以會覺得他很頑固，或是認為他像冗員般的存在。

**建議面對資深部屬時，從對談與態度開始調整，建立「資深」是一種榮譽勳章的感覺**，可以試著說：「大哥，你的經驗很豐富，我想聽聽你對這件事情的想法，相信藉由你的專業角度，事情能夠更全面地被檢視。」提供讓他們可以投入參與的機會，同時也讓他們感覺到過往經驗不是白費，而是讓人想尊重與學習的楷模。

## ⑤與人際連結的需求（Need of Bounding）

職場上的人際關係非常重要，面對資深或年長的部屬，尊重是第一個貼近彼此的要素。身為企業講師，我常常需要到不同產業、不同地區與國家授課，立即性的入境隨俗幾乎是內建功能，需要適度調整語言、口吻與案例，為了都是要跟聽眾產生共鳴。而那些擁有良好人際關係的人，通常也容易跟他人建立共通點，會是某人口中容易邀約的好咖，容易擁有相同的興趣，總能讓人有「你懂我」的感覺。所以好的關係，是建立在彼此的共同點上，用心去感受與感謝每一段關係的交流。差異性會產生隔閡與撕裂，唯有共同才能拉近距離。

薇薇的助理曼玲年紀比她長二十歲，起初薇薇也覺得不好意思請曼玲幫忙做事情，像是在使喚長者般的不自在。後來薇薇調整自己的心態，跟曼玲這麼溝通：「姐，幸好有妳幫我打理大小事，在公務繁忙的日程中，謝謝妳總是細心提醒跟多方協助，才能讓我們的部門運作順暢。姐跟公司的採購長關係比較好，這一季部門的幾項專案採購流程，可否借用姐的長才來幫忙推動呢？」

曼玲聽完，滿心喜悅的回應：「我才要謝謝妳，在公司這麼久了，第一次有人這麼看重我，還願意叫我一聲姐，肯定我的付出。這件事包在我身上，不論是採購、財務還是公關部門，我都很懂得該如何跟他們協商，交給我來辦吧！」

**好的人際關係不僅能夠讓工作環境更正向，更能讓工作效能大大提升，在職場上並非要你尋求「知己」，而是要找到彼此都能對盤的磁場，這麼做不管哪個世代都能跟你一起合作。**

重要的是，我們必須記得，我們所對待的是人，尊重每一個比你多吃了幾年鹽的人，也關心每一個比你少吃幾碗飯的人。不論資深或資淺、年長或年輕，與其認為對方只是來擺爛搗蛋的，倒不如真心在乎他的心理需求，試著傾聽他們的意見，他將會成為你最好的智者與左右手。

# 6

# 虛偽複雜的人際關係，比工作更難處理

戴安跟珍原本是關係很要好的同事，二個人個性相投，連班表都刻意安排在一塊兒，下班或休假也會聚餐同樂。某一天，主管分別告知戴安與珍，接下來公司要遴選部門內，合適升遷的人選，但上面的位子只有一個，於是兩人頓時變成競爭關係，往日的革命情感開始變質了，二人都感嘆對方的虛情假意，覺得職場人心難測……

我常在課後收到夥伴們的私訊，分享他們工作上的苦惱，而這些煩惱絕大多數都跟「職場人際」有關。我們可能或多或少都經歷過類似這樣的情境，在茶水間、廁所、樓梯間，這些所謂的八卦集散地，聽到同事的竊竊私語（偏偏這些私語大聲到都能被你聽見），他們在你的背後批評著，不論事情的真實性如何，都樂此不疲的暢談，有關你於公於私的故事。

你努力的想把事情做好，有些同事會偷懶擺爛不做事，苦勞過程由你經歷，但功勞成果卻必須共享；有些同事會處處刁難，壓著你的案件或是簽呈，萬般阻撓的不給你資源。於是你逐漸發現，做人比做事更難，卻也更重要。

## 沒有人是故意傷害你

每個人的世界裡，都會有一套劇本，想當然爾自己就是故事的主角，但就像八點檔鄉土劇會上演的，主角總會被人妒忌陷害，身邊充斥著綠茶婊，對抗不完的鬥爭糾葛，我們很自然的把職場中的情況也套用在戲劇裡，認為同事就是劇本裡面的反派角色。

**其實除了犯罪行為之外，沒有人是「故意」要傷害誰，人都只是為了保護自己的權益跟捍衛自己的立場，而剛好違背到他人的利益**。人最愛的是自己，有的人需要靠批評他人來證明自己的優越感，好讓自己看起來沒那麼糟糕。就像在會議上，有些部門主管會批評另一個部門的缺失，當老闆的焦點在檢討對方時，自己的部門就比較有機會安全上壘過關。

我也曾在講師的聚會中，聽到一些講師批評其他講師的授課方式與內容，甚至還輾轉聽過背後批評我的小道消息。當然，我可以選擇抱怨取暖，也可以選擇批判回去，或是在內心上演無數個小媳婦受委屈的戲碼。

但這樣的討拍取暖行為，會讓事情比較好過嗎？事情並不會因為我們的抱怨而產生好的改變，更不會順利演變成我們心裡憧憬的那個模樣。

**通常會在背後批判的人，擅自決定把你拉進了他的劇本裡，因為你對他產生了影響，也可能產生了威脅感，證明你撼動了他的存在**。批判者總是想扮演裁判的角色，批評誰不夠好、誰不如他、誰不夠資格，如此證明自我價值，讓自己看起來像天秤一般的中立。

然而，真正有能力的人，是不需要靠矮化他人來突顯自己，耀眼綻放的花朵，自然會在綠叢中被看見。

## 建立被需要的能力

一般人不會花時間去批評比自己差的人，因為那容易變成社會觀感極差的霸凌行為，只有自認匱乏者，才會批評既得利益者，被批評的人則有可能擁有的比較多，也相對較為優越。當你能夠以較為開闊的思維，去面對他人的批評與八卦，便能轉化成為一種較為正面的動能，何必因為別人強拉你進去他的劇本，你就非得配合演出呢？

另外一種是面對刁難的情況，你通常是需要對方多一些，處於較弱的一方，才會有機會要看別人臉色，好讓自己的事情得以順利達成。在職場中，我們要建立「被需要」的能耐，才能避免被刁難。

哲學家尼采說：「獨立是強者的特權。」你是否不斷地累積自我能力，讓自己能不仰賴其他事物，同時具備獨立思考能力，學習看到事情的一體兩面。與其怨天尤人，這時候反而是一個重新檢視自我的契機。此時我們能做的是，花一點時間把自己的人生資產表清單列出來，看看自己有哪些人脈及專長，能夠幫助自己與對方進行資源交換，又或者能夠透過彼此共同的興趣及經驗交流，建立更深一層的友好關係。

我們不可能完全地被人喜歡，因為我們都不完美。就像女星蔡依林在演唱會上，一邊拭淚一邊說的：「喜歡我的人跟討厭我的人一樣多，但我選擇把不自信的自己抛在腦後。」她展現自信的自己，讓喜歡她的人看到她的努力與堅強。

**世界上沒有人能夠完全不被批評或刁難，職場人際關係也是。唯有當我們的心態轉變，思維就能影響行為，更能改變結果與最終的命運。**我們可以活在受害者的角色中，在自己的傷口上不斷灑鹽，也能選擇在淬鍊中成長，培養自己成為強者。

PART 3

# 自我懷疑的煩：
## 明明很努力，卻過得不如意

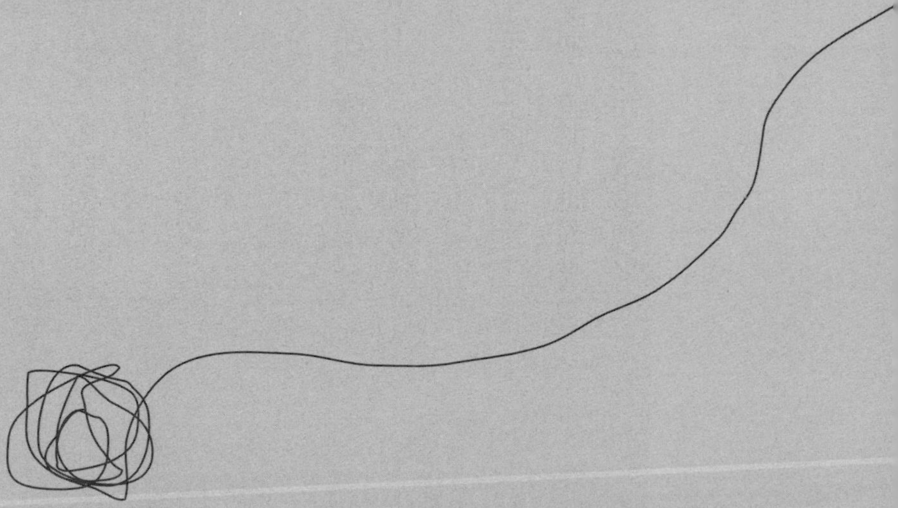

# 1

# 拚了命工作，卻總是達不到期望，感覺很無力

「從小我就希望自己能成為讓父母驕傲的孩子、讓老師得意的學生，現在我想要成為讓老闆賞識的員工，一直想要滿足別人的期待，但其實我追趕的好累。」梅琳跟朋友凱蒂在咖啡廳訴苦說著。

凱蒂嘆了口氣說：「唉，我明白，我也常告訴自己不要為了別人而活，但是社會就是有種無形的框架存在，特別是在公司裡，好像怎麼努力就是達不到目標，感覺一直讓自己跟別人失望……」

美國心理學之父威廉．詹姆士（William James）曾說：「天下最痛苦的人，就是想要討好每個人的人。」**不論是在工作上或是面對朋友、家人，為了滿足別**

**人的期望而做，即便達到對方要的結果，也不會為我們帶來真正的快樂。**

當我們不加思索的把別人的期待奉為圭臬，自然地就會把自己推向受害者的角色，任由他人評斷你的價值，當獲得肯定時，就像是在大海中獲得浮木般。然而為了要繼續擁有這塊得以生存的浮木，便按照對方期望的方式去做，希望藉由滿足他們的需求，來得到肯定與價值。

閉眼試想，假如你能夠參與自己的喪禮，在告別式上，你希望珍愛的親朋好友們如何談論他們記憶中的你呢？使命必達的？做事有效率？賺很多錢？很聽話？當你期待被記住的自己，等於別人記憶中的你，那才是活出成功的人生。所以千萬別讓別人的期望，成為你人生馬拉松那條最後的終點線，以此為目標奮力地奔跑，用盡你一切的心力，只是衝向一個看不見的盡頭。

電影幸福綠皮書裡面說到：「真正關心你的人，不會想要把你變成不同的人，而是試著帶出最美好的你。」

**好好思考你對於自己的期許，展現最美好的你，而非為了他人而活，才有機會跟內心的委屈和解。**

假如對方的期待也正好是你的期望，或者你對自己本身就有設定一個目標，只是目前處於撞牆期，努力了卻看似徒勞無功，投入了卻一籌莫展，找不到突破自我的方法。那麼首先你可以思考，是自己的能力需要被強化，抑或是內心需要被激勵？

## 將焦點拉回自己身上

知名作家丹尼爾（Daniel Pink）在TED演講中分享到，最佳的激勵方式是善用自主性（Autonomy）、掌握性（Mastery）與使命感（Purpose）。不用等待他人的激勵，每個人也都有自我激勵的能力。當面對一個你有信心且渴望達成的目標時，會想要當責地將任務承攬，並且想方設法去精進自己，把事情越做越好，以達到最終的成功為使命。

**其實，你並非因為無法達到他人期望而感到無力，而是因為沒能達到理想中的自己而感到沮喪。**

瑪麗蓮從高中開始就希望未來能成為一名醫生，做哪一科都沒關係，只要可以救人醫病就好。她努力讀書考上醫學院，在學校從不曠課且勤奮學習，以前三名的好成績畢業，且加入了期望中的大醫院執醫。但幾年後發現，同期進來的醫生升職了；別的醫院開的薪水條件更好；許多醫生紛紛轉職到醫美……瑪麗蓮開始慌了，慌張的認為自己好像應該要跳槽或轉職，不然賺的沒有別人多，職位沒有別人爬升的快，已經輸人一大截……。

瑪麗蓮的爸爸看到女兒的焦慮，關心地問：「女兒啊，妳還記得高中的時候，為什麼那麼努力地想考上醫學院嗎？」

瑪麗蓮很快地回答：「因為想當醫生啊！」

爸爸再問：「為什麼想當醫生呢？妳當醫生的價值在哪裡？」

瑪麗蓮思考了一下回覆：「想救人跟醫病，看到身體好轉的病患可以笑出來，可以重拾健康，覺得自己在做一件有意義的事情。」

爸爸微笑並拍拍瑪麗蓮肩膀：「那就對了呀！從妳的初衷，爸爸看見妳想為別人付出的善意，不是為了錢、也不是為了權。如果妳正在對的道路上，現在又何必為了這些煩惱呢？」

瑪麗蓮當頭棒喝，原來最近的自己已經被比較心吞沒了，把焦點放在別人的眼光中，為了比別人更好而瞎忙，卻忘了自己美好的初衷及目標，讓自己不快樂，也沒能好好對待病患而偏離了初心。

難道走在自己的理想道路上，就不會感到壓力或是疲憊嗎？我必須說，這些挑戰、壓力、疲憊、挫折，一個都不會少，然而過於簡單的任務，也不會讓你滿足或有成就感。

## 思考究竟為何而戰

試想你玩一個手遊遊戲，閉眼都能破關，幾次過後你還會想重複玩下去嗎？成就感是由挑戰加上意義而組成，有一點挑戰性的事情，會激發人的潛能跟戰鬥慾望，想把事情做到更好而努力。就像是玩有點挑戰的遊戲一樣，很專注且驚險的破了這關，就會有種握拳大喊ＹＥＳ的興奮感。

面對挑戰或壓力，卻不知道這樣做有什麼意義，久了就會被失敗感包圍。如果一間咖啡廳一整個下午都放同一首歌，坐在那邊想好好品嚐咖啡與享受音樂的你，會不會覺得不舒服？換個情境，如果你要準備春酒的舞蹈表演，重複聽同一首歌，為了要把這支舞練到會為止，把這首歌聽到爛熟，便有了意義性。

意義對於人的行動很重要，若只是付出勞動力，沒有背後的原因，就無法甘之如飴的持續下去。就像是在籠子裡跑滾輪的倉鼠，周而復始地不知為何而跑，但你如果是一隻想要減肥的倉鼠，跑，就有了意義。你需要重拾對事情的在意感，回想那件事為何重要，單單只有挑戰沒有意義，終將心力交瘁而放棄。

梁皆得導演所執導的紀錄片《老鷹想飛》，花了二十年的時間拍攝，探討台灣黑鳶的生態處境。倘若有人跟梁導演說：「我們今年票房銷售一億元，但老鷹一點也沒復甦，全台只剩二百隻。」或者有人說：「我們今年票房不如預期，但因為有機會讓徐重仁先生看到我們的紀錄片，於是與農民合作，在全聯福利社販賣無農藥的老鷹紅豆。農藥少了，麻雀中毒率降低，連帶著讓老鷹的數量成長到六百隻了。」

你覺得哪一個結果是梁導演真正在乎的？票房還是老鷹的數量？

**走在你期待的道路上，那些石頭都會被你看成是登高望遠的基石；倘若這不是你心之所望，一顆沙塵都會顯得格外刺目。在工作上感覺不快樂，往往來自於**

**對自己不夠誠實。明明是你不喜歡的事情，或者是偏離你價值觀的事情，卻選擇不改變。**總是壓抑的告訴自己：「別去想、別在意、這沒什麼。」結果因為不願意花時間處理低潮，反而害自己離目標越來越遠。

## 相信自己，然後就能看到

面對壓力跟有困難的環境下，人會產生一種隧道效應（Tunnel Effect）的心理狀態，通常只能看見眼前的情況，而沒有中長期的整體考量。它成了思考狹隘的框架，等有一天驚覺後，卻已經失去好多自己真正在乎的點滴，感到過去的投入都不值得，陷入枉然的低潮泥沼，懷疑自己曾走的每一步。

試著掙脫情緒的綁架，宏觀思考到底為何而戰。到底是工作本身必須要長時間加班，還是你沒用對方法讓工時變長？這份工作是真的讓你感到興趣，還是這份安穩讓你捨不得放？如果覺得工作壓力大，是否有適度安排休假？做一些轉換心情的事情？如果看電視能讓你放鬆，如果睡覺可以讓你恢復，如果看海放空可以讓你療癒，如果旅遊可以讓你充電，如果運動揮汗能抒壓，就去做吧！

**若你沒有照顧好自己，還能擁有什麼其他的願望？若連你都不在乎自己的聲音，還有誰會願意傾聽？**

你一定要相信自己可以做到，擁有成功者的預見力特質：相信，之後看到。就像人們問藝術家米開朗基羅，如何把一塊平凡的大理石，雕刻成那麼完美的大衛像，他這麼回答：「我沒有雕刻，只是把不必要的部分去除，將禁錮在石頭中的生命解放出來。」別再試著滿足別人的期待，而是把禁錮的自己解放，去蕪存菁的展現你的美好。

# 2

# 同期的同事除了我都升職了，是我有問題嗎？

公司的升職名單出來後，世文忍不住抱怨：「凱特跟李歐和我差不多時間進公司，我們三個人在工作上都表現得很積極，而我的績效比他們二個好，也多次被公司表揚，為什麼他們二個都相繼升職了，只有我還留在原本的位置。」

原本滿心期待被拔擢的他，在一次次的失落後，忍不住懷疑是自己真的哪裡做不好嗎？還是這間公司不值得再待下去？

在職場上，很多人都曾有過這樣的困擾，但每個人的決定都不同。有些人決定繼續以同樣的方式工作，認為戲棚站久就會是他的；有些人嘗試跟主管據以力爭；也有些人選擇跳槽，追求下一個升遷的舞台。我相信若你曾經思考過這個問題，那麼表示你對於自己的能力有相當程度的自信，一個表現差強人意者，通常不會認為沒被升遷有什麼好奇怪的。

你是否認為主管決定提拔的人，是以產值績效跟做事能力為標準？職場沒那麼簡單，**主管思考的格局需要更寬廣、更全面的布局。當然，擁有專業能力是必要的，然而那些特質與人際的軟實力，才是突顯差異化的關鍵。**問題可能不在於工作實力，下列幾點，也許是你沒注意到的關鍵。

## 個人品牌形象的經營

主管在思量拔擢人選時，腦子像跑馬燈般略過一個個的名字，我們的名字能不能立刻浮現在他的腦中，決定了我們平日是否妥善經營好個人品牌。

沒有被記住，就等於不存在。**能被主管記住的人，通常不是那些製造問題的人，就是能夠解決問題的人**，那群處於中間值的人，往往容易被遺忘。

因為傳統教育文化的關係，大部分的人個性較為謙遜，會「默默的」把事情做完，卻認為主管應該會看到，但主管日理萬機，我們的表現要如何存在於主管的記憶中？就像生活中，老公做完家事後，會期待老婆「自然」發現並給予肯定；女朋友剪了瀏海，認為男朋友「自然」會覺察她的改變；服務人員看到顧客咳嗽，貼心遞上溫蜂蜜水，希望顧客「自然」會懂得感動。只能說這想得太美好，沒有誰是誰腹中的蛔蟲，你不說，就不會有人知道。

謙虛是種美德，這麼做不是要大家張揚誇耀自己的付出，但定時的回報機制，在職場上是非常重要的。當今職場已經不能只是埋頭苦幹的Work Hard，更要懂得Work Smart。主管喜歡能夠幫忙他解決問題的人，當你協助完成某項工作時，可以適度透過口頭或信件方式，報告進度狀況與成果，讓主管知道你處理事情的能力，進而願意委以重任。

主管跟安娜小微詞：「最近伊森跟保羅吵得很兇，私人情緒已經嚴重影響工作氣氛，我好說歹說什麼都做了，兩個人還是吵，真的很傷腦筋……」

安娜聽到主管的話後，在自己能力範圍內從中協助調停，釐清爭執的問題點，原來只是因為排休日談不攏所引發的爭執。於是把自己的排班規劃跟兩個人共同協商，在多了一個彈性的選擇下，最終討論到三方都能接受的安排方式。

當安娜跟主管回報上述狀況後，主管會不會認為他是懂得衝突應對與問題解決的人呢？更重要的是，她能夠把主管煩惱的狀況排除，光這件事情就足夠讓主管有好印象了。每一次的應對表現，都是在建立你期望被主管記住的形象。當然，沒有人天生就能處理最難的事情，都是從平凡的小事開始做起，但不是要你把瑣事都呈上報告，否則你只會換得「這個人很煩」的標籤。

## 擁有良好的人際關係

解決問題不能靠自己單打獨鬥，職場的「人和」尤其重要，**良好的人際關係，不單單表示你能夠和任何人工作，同時也要別人願意和你一起工作，建立被需要的能力**。也就是向上與主管的關係、平行與同儕或是跨部門間的合作、對下與下屬的管理，都是職場人和的環節。

A跟B的能力表現都深得主管肯定，但現實的是，上面的位子只有一個，主管必須審慎評估升遷人選。讓主管陷入沉思的是，A擁有多數員工的愛戴，大家都希望他能升職，但他卻欠缺建立向上與平行的關係，常因為保護下屬，而跟上司或是其他部門主管槓上。而B則是和多位長官關係良好，盡力滿足上頭的指示要求，然而他功勞多數自居，不論是跨部門的合作或是部門內員工，都敬而遠之跟他保持距離，深怕自己成為被利用的墊腳石。兩個人之間彼此暗藏競爭關係，讓這個升職決議延宕了許久的時間。

這個現況維持幾個月後，A離開了，即便他擁有高績效、是潛在領導者，但他缺乏跨部門的溝通，與向上關係的人和，終究沒能得到他期望的結果。主管將B升職後，以為問題就解決了，但其實他無法帶人帶心，也無法與跨部門合作，即便他獲得了朝思暮想的職位，卻也綁手綁腳地沒能施展長才，掙扎了幾年後，就離開了。

很遺憾的結果，不是嗎？

人人都渴望在職場上步步高陞，卻少有人去思考成為領導者到底需要具備哪些特質跟能力，才不會一直落在「為什麼升遷的不是我」的抱怨當中呢？也才不會有一天真的輪到你升了官，才落到「怎麼跟當初想的不一樣」的後悔當中。

想要成為卓越的領導者，要能夠消化公司給予的資訊，在傳遞的過程讓員工不討厭，跟員工一起同仇敵愾罵公司，並不會幫你獲得更好的成就。能夠懂得承上啟下與平行合作的，需要擁有良好的情商溝通能力，用的不是職位上的霸權去逼迫員工，而是建立讓人願意聽你說、甘願做的影響力。

大家都想好好講話，卻常常讓情緒輕易凌駕於理性之上。從踏入職場的第一天就要開始鍛鍊溝通軟實力，不是茶餘飯後閒聊的功夫，而是在與同事持不同意見時，如何找到彼此都能接受的共識、跨部門碰到立場不同時該如何協商、會議簡報時要如何說服受眾、與客戶接洽的服務如何應對、夥伴情緒低潮時如何激勵等等。當然這些都不是一朝一夕就能做到，若你不知從何開始，我建議可以從「傾聽」做起，每個人都像裝滿水的瓶子，不傾斜倒出自己一點，又要怎麼接納別人的意見呢？

## 學習主管全面性的思考

在承接老闆給的任務時，領導者要懂得依照事情的輕重緩急建立排程，設立明確的計畫，根據團隊成員的特質與專長分配適切的任務，光憑感覺跟直覺來做事，就好比一艘少了舵的船隻，遲早會觸礁。因此，若想要成為領導者，從現在開始就得培養好的時間管理能力，不只是單純按照順序執行任務，更要懂得剖析案子的難易度規劃排程。在有限的時間壓力下，往往每件事都看似緊急且重要，但慌了手腳什麼事都做不好。能夠沉著不慌亂的布局，在錯綜複雜的各項事務中，解開糾纏的線，才有機會把事情做好。

## 培養解決問題與當責的能力

在詳盡且細心的規劃後，計劃就一定能按照期望進行嗎？不見得。領導者要懂得面對失敗，員工做錯了，不是第一時間責備，而是協助釐清與解決問題，謾罵責備，只會換得低落的士氣及有距離感的員工關係，問題仍存在。擁抱失敗與解決問題的能力，得從小事開始練習，在每一次的挫敗中，你是如何應對的？負面情緒肯定會有，但除了哭泣或抱怨之外，我們是否用盡一切努力，找到各種可以解決問題的方法與資源？

解決問題不是僅止於點出問題，更要能夠提供建設性的方案。就像是球隊的教練，針對每位球員的能力做布局，為球員們規劃成功的戰術，碰到狀況時可以立即給予建議跟調整，絕對不是坐以待斃等著失敗。懂得解決問題的人，通常能夠做到平衡生活與工作，這個平衡不是工作八小時、生活八小時，而是你能夠因為工作創造生活的美好，同時把生活的體驗延伸應用到工作中。

我曾遇過一位員工，她常把在其他地方體驗到的好服務記錄下來，思考能怎麼調整應用在公司中，她不是選擇下班就不理會上班的事，如此當責的態度，也成為我心中晉升的不二人選。

決定升職的人選，本身就包含主觀因素，如果你真的盡了洪荒之力仍未果，也許轉職也不見得是壞事。但絕不要每一次都靠跳槽來升職，這樣在履歷上顯示的經歷，只會突顯個人特質上的缺失，長遠來看反而是有損職涯發展。

# 3

# 才一到職就要我有即戰力，這要求合理嗎？

艾薇剛加入一間外商公司，一切都還在摸索與適應當中，卻發現主管常會問一些問題，要她立即反應或是提出計畫方向，艾薇非常驚慌，不知該如何是好。

她不禁擔憂起來：「天哪！好多東西我都不知道，我以為公司會有培育課程或是前輩帶領，好讓我慢慢上手，才一進公司就要求我有即戰力，壓力真的很大……」

身為新人，剛進公司，公司卻要求即戰力，確實會讓人感到驚慌，若壓力太大，甚至還會萌生退意，懷疑自己，是不是適合這個工作。但其實公司要求員工具備即戰力是正確的，而公司要教導員工技能也是必需的。

當我們夠了解自己，找到一份能做的工作，而這份工作的職務內容基本上是你可以勝任的，自然會有即戰力。若你應徵的是一份培訓講師工作，企業會有前輩指導有關培訓流程的注意事項、優化你所撰寫的課程、指導每一次的授課成果……，但你不可能連基本的文書處理跟簡報軟體都不熟稔，甚至害怕上台跟群眾說話，那便是在沒有自知的情況下選擇這份工作，更別談即戰力了。

## 欠缺實力，就拿出態度

當然，我所謂的即戰力不是要你對所有工作的內容瞭若指掌，也不是加入團隊短短三個月內就立馬帶來千萬績效，這要求對於剛踏入職場的人來說，過於殘忍跟嚴苛，因為即便是職場老手，也不見得能有這樣的表現。

許多企業雖然會在徵才資訊上寫「零經驗可」，而大多數的人也是期望先加入後，再依照企業的培訓學習就好。但零經驗指的是專業技能，而所謂的即戰力不見得單指專業技能，還有著態度層面的意義。業務工作是要有移動力、自律能力與親和力的特質，若你的個性內向、害怕挑戰、不敢主動與人交談，即便企業給予再多的技能培訓與輔導考照也是枉然。

一位立志成為電腦工程師的人，若沒有花時間先自我投資在學習程式語言等工具上，卻期許企業能夠從零教起，是否合理呢？企業不是學校，公司背負著營運的責任與壓力，要求員工具有基礎的即戰能力，期許新人能協助每日事項順利運轉，是很正常的。當今世代可利用的資源很多，不論是到補習班或是線上學習平台，都能夠讓自己接觸到基本知識。銜接到職場中，企業會傳授的是建立於基礎之上的實戰應用，它不是教導學會走路的階段，而是從走到跑的過程。

想要中樂透，總需要先投資買樂透吧！想要瘦身減肥，也需要揮汗運動、節食忌口。天底下沒有不勞而獲的事情，總是需要先付出點什麼，才有機會獲得些什麼。的確企業有培訓的義務，但在資源有限的狀態下，只要有人願意多一點點的準備，讓自己能夠在該職務上立即展現，公司再投入培訓教導，才能有事半功倍的成效。這有點現實沒錯，不過換作是你，應該也會希望把有限的預算壓在有潛力的績優股上吧！

我聽過很多主管說過這些話：「這不是很基本嗎？不遲到不早退、看到客人要笑、不要跟客人爭論、要有耐心有禮貌，怎麼這些基本的東西都還要我教？」

**在職場上，我們可以對工作技能還沒準備完全，但絕對需要具備積極與好奇的心**。剛加入公司，也許你還不熟悉作業流程，當看到前輩們忙著在跑影印、裝訂報告時，能否主動詢問是否有需要協助的地方？在還不懂得櫃檯系統時，能否主動協助微笑開門或是幫顧客帶位？一定有你可以做的事情，減少他人的工作量，這就是最基本的即戰力。

在路上看到一顆石頭，你會把它踢開或是繞路對吧！別像個石頭一樣杵在公司裡，成為礙眼的絆腳石，試著成為順眼的人，從願意融入團隊開始，主動做一些你能做的事、積極開口提供幫助，便是初入職場很好的開始。

# 4

## 什麼都要向上呈報，感覺權限低又不被信任

每個月的主管會議上，在各部門報告一輪後，老闆特別要求小傑詳加說明案子進度與細節。離開會議室後，小傑嚷嚷：「為什麼老闆總是要盯我？好歹我也是部門主管，什麼都要呈報、要細節、要追蹤，對其他人都沒這麼不信任，我這主管當的真窩囊。」

每天要處理的事情那麼多，如果各項決策都要上司點頭才能執行，那真的要耗費大把時間。然而上司的信賴不會憑空就有，而是要靠平日累積戰果而來。

「如果他可以讓我放心，我當然願意放手啊！」一位企業主曾這麼跟我說。多數的高階經理人都希望主管可以獨當一面，不用他們跟前跟後，也用不著幫忙

善後擦屁股，自己就能獨立把事情做好。

我曾經待過幾家跨國酒店集團，公司內部針對各職級設立明確的權限，包括折扣與零用金，但這並不代表擁有這個權限，就可以隨你開心使用，定時報告進度與成果是必要的。比方說月會報告中，我會詳細記錄使用的目的、解決哪些事情、提供顧客何種服務、最終得到什麼成效等。**呈報並非不信任的綑綁，追蹤的目的也不是緊盯，上司透過了解你做了哪些決策，從這些決策的結果，看得到你所創造的戰功，自然會贏得「可以令人放心」的信任**，這麼做也才能有機會降低事事稟報的頻率。

要如何贏得這樣的信任？我認為身為中階主管需要做到下面幾點。

## 判斷哪些事需向上報告

**有擴散影響性的事情要向上報告，內部可以解決的瑣事則不用**。好的經理人會懂得抓大、放小、管準，意思是抓大方向格局，小事放手讓員工去執行，以及管理明確精準。上司其實沒太多時間管芝麻綠豆蒜皮的瑣事，或知道每一件事情的細節，好比你負責準備一場開幕記者會，老闆不一定會想要知道活動背板的顏色跟選擇哪一家廠商，這類過於細節的資訊。那麼究竟哪些事情是上司需要知道的呢？倘若事情的影響層面具有擴散性，可能會影響其他部門或整個企業，那麼隨著影響層面越大，向上呈報的時間就要越短。若影響層面小，你可以現場立即決策與處理，評估上司有知道的必要，事後再簡單說明即可。

卡羅是客房部主管，評估後決定讓一對英國夫妻的房間升等。在交班時她跟上司報告：「我之所以為這對夫婦住房升等為套房，是由於太太身體不適，不過先生仍需要進行幾項商務會議，同時間卻也無法放心讓太太一個人在房內。而套房的起居室與臥室空間有所區分，可以讓先生與客戶在起居室進行會議，也比較不會打擾太太的休息，如此一來能夠滿足先生的會議需求跟照顧太太的心意。」

即便卡羅有絕對的權限做此決策，然而她仍需向上呈報，因為這件事影響的不單單只是房間銷售的數量，也會牽連到排房與營收狀況。

再分享另一個同樣是飯店內的案例，身為主管的我，擁有飯店館內用餐的額度權限，某天看到部門內的幾位夥伴，在用餐時間沒休息繼續工作，原來是大夥兒在趕一個線上學習平台的影片，我便訂了館內餐廳的三明治，讓夥伴邊做邊吃。當然，針對夥伴的時間管理跟任務調配，可能需要後續檢討，但這件事是主管可以解決的事，像這樣的事就無需特別向上呈報細節。

然而若是舉辦對外的開幕記者會就不一樣了，它不僅影響自身部門、牽連整個公司，更重要的是老闆還得親自出席。也許你不需要回報各項細節，但至少對於會影響到老闆的資訊，是絕對少不了的，包括日期、貴賓、講稿等，才不會讓老闆一頭霧水傻傻的出席，萬一出了洋相，帳肯定算在你頭上。

## 給予上司所在乎的必要資訊

**在所有訊息中，試著把每件事情都拆解並分成「必要知道」**（Must know）、**「應當知道」**（Should know）**以及「可以知道」**（Could know）**三類別**。「必要知道」是最具重要性，且對聽者有影響的資訊；「應當知道」是強化或是輔助必要資訊的內容；「可以知道」則是那些不談也對於整件事情沒有太大影響的項目。

譬如在開幕記者會上，老闆必要知道的資訊有：日期、時間、地點、講稿內容、主題、貴賓有誰、自己的流程。應當知道的資訊有：有哪些媒體參加、可能會有哪些額外提問、中間休息時間、同行者有誰。可以知道則是：主持人是誰、有多少人參加、預算費用、媒體版面篇幅。

除了閒聊之餘，上司大概沒太多時間聽「可以知道」的資訊，然而在一開始共識磨合過程中，向上呈報需要有「必要知道」與「應當知道」的內容，隨著默契與信任感逐漸累積後，或許未來只要讓上司了解「必要知道」的資訊即可。

## 別只提做不到的原因，更要提能做到的方法

人都不喜歡被打槍，上司也不例外，當他提出一個想法或任務時，你若是提出千百個辦不到的原因來唱衰：「這行不通吧」、「應該達不到效果吧」、「大公司都做不到了，我們怎麼可能做到」……換來的只會是出一張嘴的印象。

**與其找問題，倒不如提出建設性的解決方法，讓上司看到你有思考能力，了解你的思考模式與決策依據**。假設你願意借錢給別人，會借給什麼樣的人？肯定

是確定會還錢、想方設法也會還錢，以及過去還款記錄不錯的人吧！轉換到職場上，上司會信任那些確定可以把任務完成、即便沒把握也會想辦法克服困難、以及戰功累累的主管。

A與B分別是部門的主管，與總監開會時，A針對總監提出的任務與要求，百般的不願意：「不是我不願意達到目標，是我的團隊太糟糕了，我怎麼講也講不聽，說也說不動，執行率低的誇張，一定是我的職位不夠高，叫不動他們！」

總監耐著性子回應A：「帶人是帶心，跟職位高低沒有絕對關係。別跟我說做不到，試著去找到解決的辦法，到底為什麼員工沒有向心力跟執行力，是不是要調整你的領導方式？還是他們有心無力，你們需要上些技能培訓課程嗎？」

B則回應總監：「我能明白總監的觀點，也能理解A的困擾。員工百百種，不是每個都像千里馬，但也不是所有員工都很糟糕。我只能試著去了解不同員工的特長在哪裡，賦予比較能夠達標的任務，加上必要的技能培訓作為輔助，但是要達成總監所設立的目標，我們可能需要更多的資源，藉由這次的會議想問總監，我們能否得到某某部門的支援……」

**否定的理由百百種，唯有解決問題才能看出你有沒有料。**老是把問題變成上司的問題，只會讓上司逼不得已要事事追問。倘若連部門內或者你執掌中可以解決的事情，譬如員工爭執、部門缺人、員工遲到等，這類瑣事都要丟給上司去煩惱，那豈能被信任賦予更重大的案子？當然權力會越來越小。

## 給予建設性的回應時，注意上司的決策習性

人會跟具有共同性以及了解自己的人容易產生共鳴，在溝通回應時，若能貼近對方關注的面向，也較能夠打動需求並得到認同感。

琳達跟大衛正準備跟老闆提案，關於公司是否投入人工智能的發展項目做探討。大衛先發制人搶先提案：「我認為可以趁現在AI風氣盛行時大舉進攻市場，很多大公司都已投入研發了，我們不能被市場淘汰，當然要跟進！這是我的方案……」老闆還沒聽完，就請大衛盡快結束簡報。

琳達接著報告：「我認同大衛所說的，許多企業紛紛投入AI研究，然而公

司著重的是穩定發展，我們必須審慎評估投資與研究標的，避免貿然進入市場，建議可以先從單一領域注入ＡＩ，以降低失敗風險。我跟多位專家諮詢過可行方案，以下是幾個整理方案……」老闆放下了深鎖的眉頭，對於琳達的提案感到高度興趣。

琳達的提案之所以會被接受，是因為考慮到老闆目前著重的是公司的穩定發展，呈報時就給予降低風險的資訊，最好附上專家的分析佐證。若上司看到了機會與可能，你要提出前瞻與發展性、注意實質獲益的特質，讓他看見實際可以獲得的好處或數字成長。

不要讓老闆有機會問：「你有沒有考慮過這點？」當上司認為你懂他，知道他在意的點是什麼，幾次下來就會理解你做決策的方向跟他是具有共識的，自然較有機會可以對你「放手不管」。

## 呈報時具有邏輯性統整分析

為什麼上司不願意採納你的意見，即便在你鉅細靡遺的報告完畢後，仍要求你按照他的方式走，有可能是上司根本聽不懂你的重點在哪裡。呈報時，善用邏輯黃金三角：證據、結語與論述的方法，讓思考與陳述更完整。

首先，要以事情來佐證。許多主管對自己執掌內的事務太熟悉，報告時常憑感覺而說：「我認為」、「我感覺」、「我想」……沒有情境與數據的扎實證據，說服力就差了一大截。既然這些感覺與認為，並不能為最終結果打包票，那麼提出事實來佐證，一來能夠幫助自己做更全面理性的分析，也能強化所言之可行性。

再來，給予明確的結論與重點。有時候講得口沫橫飛，最後對方根本搞不清楚重點在哪裡，以至於對談失焦。上司不僅沒能明白你的主張，甚至認為這樣的溝通是浪費時間。呈報需要先給予明確結論，從中萃取幾個重點精華，縱使最終還是要尊重上司決議，但**在提案彙整時，適度加入你的判斷與優劣分析，上司能夠透過簡單的論述中，把你的想法列入參考依據，讓證據與結論得以串連，成為**

**完整的陳述方案**。最後，理性且具分析性的論述：

「我覺得這一檔可以做買一送一的活動。」

「我做了市場分析，發現附近店家都在做情人節檔期促銷活動。」

「針對情人節檔期，我們部門內做了市場分析，了解競業的活動後，評估能夠做出差異化的幾個行銷企劃，以提升營業額並增加曝光度。以下是三個方案的執行計畫方向……」

看得出以上三段話的差異嗎？沒頭沒尾的講自己想要講的，或是沒有研究數據的直覺想法，皆不是專業的商務溝通。想讓上司知道：「我辦事，你放心。」是透過一次又一次的溝通呈報過程，把你的思考脈絡埋進對話當中。那些可以只提出結語，就獲得老闆信任的主管，通常都能夠讓上司懂得他的分析決策，甚至能營造出「我懂你」的念頭，這才是說話的上乘藝術。

什麼都要向上呈報的另一種可能，不見得是高層「自願性」產生，有時候是流程規範導致。

傑瑞的公司每一年都會做年度預算編列，他會帶領部門進行內部討論，列出年度計畫需求，再經過採購流程比價確立後，期待能通過財務那一關，就能蓄勢待發地開始執行。

然而執行時，他發現每一筆花費只要金額超過二千元，都要一一送簽呈審核，傑瑞感到納悶：「奇怪，為什麼明明已經通過的預算，還要再多送一次簽呈，這樣不是很浪費部門人力，更浪費董事長的時間嗎？」跟上司討論後，發現這是公司三十年前訂下的規定，當時二千元算是挺大的數字，這個條例並沒有錯，只是沒有與時俱進而造成當今的多工局面。之後傑瑞在主管會議上提出，除了新的執行項目之外，未來在原本預算內的計畫項目，不用再次簽核，各部門主管最終一致認同通過此案，反而提升了大家的執行效率與產能。

未來你也會成為高階經理人，相信你也不會希望對於下屬的任何事情，都要親力親為地看頭看尾吧！你的上司也一樣，先檢視是什麼原因導致事事都要呈報，如果是流程制度的原因，有沒有更好的解決方案？如果是上司對你的信任度尚未健全，能否先嘗試一段時間累積戰功？在決策判斷還沒能精準貼近上司與公司的方向前，也許呈報只是多一層給予你參考依據的保護，不見得是壞事呢！

# 5

# 用舊經驗就能成功為何要改，是嫌我不夠忙嗎？

艾娜在公司已超過十年的時間，工作算是上手。然而公司近期開始導入新的系統與制度，讓她感到許多的不適應跟埋怨。在茶水間休息時，她跟另一個部門的資深員工莉奈吐苦水：「我都快累死了，公司是嫌我們不夠忙嗎？同樣的東西我用我的方法，做了十年都沒問題，為什麼要突然改變？真的不懂公司幹麼沒事找事做。」

莉奈點頭附和著：「對啊，以前這麼做可行，就表示做法是對的，創新又不見得會成功，我們都做那麼久了，是懷疑我們的做法有問題嗎？

在一個領域中工作一陣子後，突然面對公司在制度或系統上的改變，需要在作法上進行調整、嘗試新的方法，或是開始學習新的操作系統，這意味著我們得要放棄原本的習慣與輕鬆，多花時間去學習新事物。跨出習慣的舒適，多少會感到不舒服，甚至會有過去的努力被質疑的感覺，這是人之常情。

## 企業需要的是創新，還是優化？

許多職場書籍會要求大家要接受創新，否則就會沒有競爭力。但我認為，沒有非得要用新方法，有時一個新方法的產生，往往會延伸出另一個新的問題。例如：因為環保意識的抬頭，人們研發電動車，期望能逐漸取代汽柴油車，以降低汽車排放廢氣的污染。然而若要全面改用電動車，勢必用電需求會增加，那麼便延伸出另一個問題——電哪裡來？怎麼樣發電卻不造成污染？

日本的Henn-na飯店，在二零一五年創舉使用機器人服務，從接待、運送行李到房間服務，這個做法看似創新，同時還能夠降低人事成本，但後來發現機器的維護成本高，而且因為不夠人性化而造成高出錯率，有溫度的服務還是需要靠真人才能做到。

如果持續保持舊有的運作方法，足以承擔起需求，而且能夠擁有很好的成效，那真的不用耗費心力時間去改變。這並不代表守舊不前，也並非不用學習新的技術，而是在決定創新與否之前，需進行全盤的思考診斷，評估現況跟中長期發展下，是否有調整的需求與急迫性。不夠縝密的計畫，創新只會帶來更多問題並且造成麻煩。

**新，不見得是前所未有的創舉，有時只需優化既有的狀態。**

## 成為成長思維的人

人說，失敗為成功之母，我認為「失敗＋檢討＋改善」，才是成功之母。若你心中對於自己有一個期許，那麼在面對挫折時，請不要選擇固化思維（Fixed Mindset），而是讓自己成為成長思維（Growth Mindset）的人。

**固化思維者，會把每一次的挑戰都當作決勝高低的戰場，卻認為自己的能力有限，最終只會否定自己或選擇放棄；而成長思維的人，會認為每一次的挫折，都是走在成長的必經之路，從中找到改善的方法，**盡力展現當下最好的自己，而不是去跟別人比，每一次的完成都能夠擁有收穫與成長。

喬是個很嚴厲的主管，求好心切的他，總在討論問題時，脾氣一下子就衝上來，他常說：「以前我們也都這樣被主管罵到會，現在的年輕人真禁不起唸，講幾句就哭，問了也不答。我看不只是爛草莓，根本是塊爛豆腐吧！」

每一次員工做錯事情，他就會發脾氣責備，後來發現在彼此有情緒的情況下，也得不到真實的前因後果，員工有事也不敢呈報，最後事情只會越來越嚴重。喬知道若要繼續當主管，必須調整自己的領導方法，而非過去那一套講求軍事紀律的管理模式。當然，這不是要喬全然換另一種做法，例如：第一時間得知員工犯錯時，不是笑著說沒關係，而是能夠先冷靜回覆：「我知道了，那我們各自先思考一下能怎麼解決，二十分鐘後在會議室討論改善的計畫。你別慌，讓我們一起面對。」

在有情緒的情況下，選擇不讓情緒牽著走，冷靜下來再好好面對，已經是踏出很棒的第一步了。喬改變後，漸漸發現，員工開始比較願意分享真正的想法，即便有時的提議不夠完整周全，但至少能夠透過討論聚焦，在事前了解員工對於任務執行的困難，給予指導跟回饋。

喬後來跟我分享：「原來世代問題是自己去創造的，只要一方願意先跨出一步調整，另一方也能夠跟上，一起走向共識的那一邊。背對背各走各的，雙方只會越來越遠。」

優化跟創新的差別在於，前者只是改善與強化既有的狀態，後者則是全面改革。倘若能夠優化舊方法產生更好的效果，或是能夠幫助事情更簡單完成，為什麼不試看看？假如嘗試了，對結果感到失望或是失敗，大不了再回到原本舊的方式來做就好，**千萬別被習慣的框架，綁架了成長的可能**。有時候安逸的糖衣，會讓人在習慣中產生怠惰，井底之蛙當久了，會有種「現況已經很夠用」的錯覺。

## 駐足不前，就等於往後退步

公司之所以用新制度、新方法，是要「適應」這個世界與市場，不是無謂的為了改變而改變。也許舊的方法仍行得通，但新的工具存在，是為了幫助事情更簡化，又或者只是因應時代的需求而生。

手機明明還可以用，為什麼要推陳出新？以前CD隨身聽還能用，為什麼要改用MP3？有的時候，時代的轉變會透過優化的過程，來滿足人們喜歡新鮮、追求變化的慾望。有的時候，則是隨著使用需求的調整而改變，好比說Windows98現在還可以使用，但許多現在熱門的軟體功能，像是YouTube或臉書，卻無法順利開啟，因此需要開發新的軟體系統，以適應當下的使用需求。

**公司所呼喊的改變，對我們來說可能是「新」，但也許只是正好走在趨勢的洪流上而已，並非創舉。唯有運用新的概念、方法，才能讓公司持續運作下去。**

企業看的不只是「錢」，而是「全」，必須看到整個產業跟社會的全貌，才能與時共進適應時代。就連全球五百大公司亞馬遜（Amazon），原本經營線上書店，也逐漸多角化跨足陸海空運的物流出口生意，更轉型成為線上線下的零售通路商。

生態與社會趨勢的改變，也恰巧證明了一個時代的演進，這世上只有極少數的人在做真正的創新，多數的我們都只是走在趨勢上，被時間推著走。當大夥兒都在前進的狀態下，原地駐足不前者，就等於往後退步了。

一個時代在淘汰人的時候，通常在還沒發覺時就發生。愛迪生一八八九年創辦的奇異電氣公司，整個二十世紀幾乎是巨型指標企業，如今卻被踢出道瓊工業指數成分股。趨勢家分析它們固守傳統製造工業，沒有跟上網路、科技與數位化的趨勢是失敗的原因，即便是工業龍頭，也不及時代的洪流。

一個成熟工作者思考的不該只有自己，而是更大的格局，究竟為什麼公司要導入新的制度跟方法？真的是嫌員工不夠忙而增加工作量？還是為了讓公司永續發展？

## 別讓不安阻礙前進

**成功的人總在問：「我能為他人做什麼？」失敗的人總在說：「這對我有什麼好處？」**其實我們每天都在影響這個世界，在生活或是工作上，若能夠讓後輩有機會更好，不論是創造何種價值給何種族群、換個不同的方式解決問題，你建立的不是煙花，而將會是一個傳承。這個新的技術也許帶給你不適應，若對於整體而言是正向的影響，便有存在的意義。

沒人喜歡改變，習慣是安穩的舒適感，每個人的變化都是逼不得已，為了保有現在的競爭力，調整是勢在必行的決定。想想，現在的舊方法，不也是當初的新方法嗎？人之所以會抗拒新的事物，是因為害怕不確定性，但「吾心信其可成，則千方百計；無心信其不可成，則千難萬難。」與其沉浸在負面情緒中，倒不如相信自己可以從中獲得學習。

轉變，也許沒想像中那麼壞。

# PART 4

## 成就背後的痛：
## 職位到了，朋友與快樂卻少了

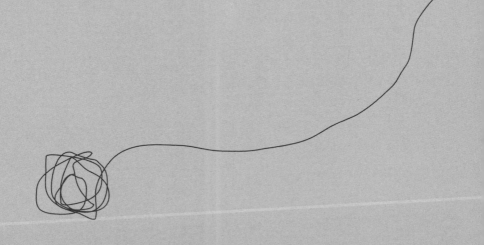

# 1

# 只顧著累積戰功，卻不小心傷人也傷了自己

琳達的工作能力很好，然而距離上一次升職已經是幾年前的事了。她心有不甘的鼓起勇氣，跟主管說：「每一次的專案我都盡心盡力，每年目標也都有達標，為公司創造產能績效，請問我到底還欠缺什麼，為什麼沒有再晉升的機會？」

主管早知道會有這天，於是沉住氣回覆：「公司跟我都非常肯定妳的能力，這是無庸置疑的，所以在績效獎金方面絕無虧待。但在晉升方面的考量，我們評估的不僅是專業技能，領導者需要照顧的不只是自己，更是整個團隊。公司幾次請妳培育接班人，但最終都沒留下人，妳是整個部門的業績王沒錯，但如果妳要升職，總要先想想到底誰能夠接替妳的位子吧？此外，

其他部門需要協助時，總是被妳拒絕，別忘了公司是一體的，我們的敵人是在外頭啊！」

琳達在自己的崗位上表現很好，卻忽略了與他人建立關係的重要，不但演而優則導，導而優還想跳下去把舞台佔為己有。她忽略了傳承、培育，也無法與同事共同合作，更沒做到資源共創共享，當然距離自己的目標，也會越來越遠。

剛踏入職場的我，一直以為工作只要靠實力就足夠，卻在年少得志時，重重的摔了一跤。在瑞士飯店管理大學畢業後，我在五星級飯店一路從基層做起，每天埋首工作，只要哪個部門缺人手，我下班後就去支援。明明我的工作是負責前台職務，但餐廳跟房務的工作我也相當熟悉，幾乎每個部門都能看到我的身影。因為我的目標是在最短的時間內累積所有的經驗，我想要快速達到心中設定的目標——飯店總經理的職位。

很幸運的，在我瘋狂的努力下總算有了一些成績，二十三歲便在跨國集團的五星級酒店中擔任ＶＩＰ樓層經理的職位，掌管高級貴賓客房與餐飲事務。然而整個團隊都討厭與我共事，甚至聽到我的皮鞋聲就躲避或是裝忙。

當時的我，對夥伴的要求很高，希望他們也能跟隨目標前進，達到「我期望」的成效。因此我每天工作超過十六個小時，三百六十五天全年無休，放假日也到公司盯場，以確保一切都按照我的劇本走。也因為長期強迫自己在高壓情緒下生活，我的身體出了狀況，後腦勺每天都極度疼痛到難以入眠，甚至一度懷疑自己是不是腦中長瘤。某天上午，我特意請假到醫院進行腦部斷層掃描，醫生診斷出是過度疲勞，休養一陣子就會好。我鬆了一口氣，興奮地打電話給我的直屬主管，想帶給他這個好消息，但他第一時間卻問我，當天下午會不會進公司，有些事情需要我處理。

我相信主管也是關心我的身體狀況，但電話中開口的第一句就是要我回公司工作，這讓我感覺自己似乎不被重視。我認為自己對公司已經付出了全力，對於夥伴也是求好心切，怎麼落得二面都不是人的下場？當時覺得自己好氣又好累，好似在水深火熱的地獄裡，不知道在瞎忙什麼，開始懷疑自己的方向、質疑自己的能力，因此做了一個決定，遞出辭呈。

當時的總經理，也是我人生重要的導師，接受了我的辭職信，並說：「你是我最得意的夥伴，能力非常好，但老實說，我等你這封辭職信等很久了。看你辛苦折磨自己這麼久，中間我也不斷地給予提醒，以為你會慢慢找到平衡點，卻還是未果。」

總經理當時問了我二個問題，第一個是：「你知道你的人生方向嗎？」第二個問題是：「你知道死海跟加利利海的差別嗎？」

## 分辨「問題」、「習題」與「難題」

死海跟加利利海其實來自同一個源頭，但死海沒有出海口，因而集結太高濃度的養分、鹽分跟化學沉澱物，以至於生物都無法存活；而加利利海從約旦河北面注入水源後，從南面流出，漁產生命豐富，湖水有甜味。後來，我才發現：「啊，原來我是死海。」

**每個人碰到的磨練不同，但每一個磨練都會有背後的意義存在**。我將生活中的挑戰視為三種類型：問題、習題與難題。

**問題，是那些世界上已經能找到答案的挑戰**。我們常寧可放任自己鑽牛角尖，也不願放開視野看看身旁可能的解答。無需為了問題而煩惱，只要有勇氣去嘗試，答案其實近在咫尺。

**習題，是那些沒有標準答案，卻能靠自己的經驗來面對的挑戰**。面對習題，我們需要不斷的嘗試、學習、反省與紀錄，這過程中或許會跌倒，但不該視為零和遊戲。既然沒有標準答案，何不從摸索中放膽去做，少一點操心，好好感受紀錄心路歷程，從修正中找出屬於自己的習題解答。

最後是**難題，它將是我們需要用一輩子的時間去應對，也不見得會有答案的謎**。不論我們多努力，它仍舊存在，既然如此，何不試著與它共處？唯有試著接納、包容和放下，才能讓自己多點快樂與平靜。

當我在工作中覺得苦時，我會思考，這件事是這三種的哪一種，當我懂得分類我的挑戰時，生活的確有了截然不同的風景，很多事便不再糾結。

倘若有人認為我的簡報美感不足時，我知道這只是個問題。我需要的只是重新設計我的簡報，根本無須為此而感到痛苦，以行動改正就對了。

如果有人認為我的課程不夠好，我則會將它視為習題。我相信自己能夠不斷學習，並且越來越好，專注的精進自己，用心回顧自己的作品，終將越來越得心應手。它不值得我掛心，只是提醒著我累積與成長的重要性罷了。

當聽到同業講師在背底裡暗地重傷時，我提醒自己這只是個難題。甘願地選擇放下、接受，並要求自己不成為他人的難題。這世界上有褒必有貶，我無須為他人對我的認知感到傷心，因為這都只是生活中的必然現象。讓我願意專心、認真備課、授課的，從來就不是同業講師的誇讚與認可，而是台下一個個願意給我機會、聽我分享的夥伴，被需要的能力，能讓我豁然面對這些難以解決的難題。

## 衝刺的同時，建立被需要的能力

許多人在職場上，都只單單建立專業能力，卻忽略了被需要的能力。有的人很會銷售、很懂財報、很會行銷、很擅長寫程式、很有設計天份，但只懂得獨善其身。技能是能夠被取代的，但人際關係需要靠時間累積。有的人在團隊當中，擔任glue guy（膠水）的角色，他不見得是能力最強，或是績效最好的，但就是有無可取代的凝聚性，是大家需要且信賴的對象。

**我們無法避免壞事發生，卻能夠控制自我看待事物的心態**。古希臘哲學家愛比克泰德（Epictetus）曾說：「影響我們情緒的，從來不是客觀的事實，而是我們主觀的觀點。」人生不可能一帆風順，能夠在磨難中淬鍊成長、浴火重生，過程中的經驗累積，是別人沒能體會的真實。

在往目標前進的同時，也需要讓自己重新回到當下的生活，那個你真正能夠掌握的現在，看看自己，也看看身邊的人。解答的方法不只一種，盲目的往前衝，容易傷人也自傷，有能力的人會願意用時間、用心力去摸索嘗試，找到最適合，找到我好你也好的出路。萬物都有裂縫，而裂縫終能透出溫暖的曙光。

# 2

# 職位越高責任越大，寧可當回下屬快樂多了

葛瑞是一間科技公司的員工，做了二年表現不錯，被公司升職成為主任。開心不過幾週而已，他發現當主管真的好難，要承擔的責任好大，員工講不聽、教不會，最討厭的是除了份內的事之外，還要幫員工善後。以前當員工的時候還可以領加班費，主管是責任制，結果工時變長，事變多但薪水卻沒比較好，他不知道當這個主管有什麼意義？

回想你知道自己被榮升的那一天，一定很開心吧！當天跟家人、朋友一起慶祝，原來自己也能熬出頭，努力被看見。但做著做著，卻怎麼越來越不快樂，跟自己心中認知的主管樣貌，好像不太一樣。

葛瑞問我：「主管不是那個可以指派任務、使喚員工、受人尊敬、領著不錯的薪水，還能夠晚到早退的人嗎？」

我回覆：「你為什麼會這麼認為呢？」

葛瑞睜大眼睛說：「我之前的主管幾乎都是這樣，我以為只要我努力到這個位子，就能像那樣享有更好的福利與待遇。」

很多人過去就像葛瑞一樣，碰到沒有樹立好風範的領導者，但這絕對不是成為主管的特質跟心態。我最不願見到職場上被帶壞的員工，之後變成帶壞人的主管，冤冤相報讓不好的風氣傳遞下去，這是不健康的職場文化，也造就像葛瑞這樣不快樂的主管。

## 當主管絕非比較輕鬆

我一開始當主管時，薪水比資深員工還低，但我理解當時的我還沒能夠證明自己是當主管的料，唯有做出成績，才有籌碼要求更好的待遇。這件事，要放長遠一點來看。初階員工的薪水通常是線性成長，但很容易碰到天花板，不會再持續成長下去。而主管的薪資則類似於指數成長，這兩種數據在初期看不出明顯差別，但時間一拉長就會差異很大。然而，若你成為主管後，還是用基層員工的思維、視野跟做法來做事情，那麼薪水永遠不會有機會成長，別說是指數提升了，就連線性都不見得會發生。

在飯店工作初期，我的任務是培訓前線人員，指導現場營運跟工作流程，我只要確保營運順利、流程順暢就好，但當我成為了培訓主管後，肩上的責任變得更重，需要拉高高度，思考全盤布局、發想創新、建構系統，例如：該如何包裝課程、剖析夥伴職能、建立年度培訓計畫，或將流程系統化等等。成為主管後的心態跟行為，需要跟以前是基層員工時不同，你需要把自己看做營運管理的人才，而不是聽命行事的人手。思考的不再只是保全自己職務內的工作而已，你需要顧全的是整個部門與公司。

## 成為主管後的心態調整

**身為主管的你，是否思考過，為什麼團隊需要你？你帶給團隊的幫助是什**

**麼**？我曾經在一間企業內訓時，他們剛升職的營運主管在開場時說：「這一個月來我到各門市與各部門，不斷地與你們對話、觀察，我想知道你們真正需要什麼？碰到什麼困難？以及我可以提供什麼協助。我的上任不是為了幫自己加分，而是要用我的能力幫助團隊加分，所以不是我決定要做些什麼就執行，我一個人做不到，需要你們跟我分享，才能知道著力點在哪裡，請問你們願意跟我一起前進嗎？」

試想，如果你要參加一個旅行團，導遊一路上不知道哪裡有好吃好玩的景點，也無法明確告訴你們要去哪裡，你會放心跟著他走嗎？會花錢請他帶你們出遊嗎？主管就像導遊，並不是擁有導遊執照，無需做任何功課就得以勝任，而是要成為讓團隊信任且信賴的存在，拿到執照是個開始，接下來帶團出遊的過程，才是荷槍實彈的考驗。

主管的這張入場卷也是同樣，獲得是一種肯定，後續則要靠積累證明自己的能力。好的主管會做到「三分做事，七分想事」，這個七分想事不是天馬行空的 I have a dream，而是有確切執行計劃與策略的 I have a plan。思考近期做對些什麼？哪些成功模式是可以被複製延續的？或者該建構什麼新機制，否則聽到下一季的ＫＰＩ目標任務時，只會有龜苓膏（歸零）的哀號，沒有審慎思考只是為達到上層目標盲目的做，當然會疲憊不堪。

有些主管因為部分能力備受肯定而升遷，上去之後才發現不適任而成了冗員，但公司並沒有下船機制，也怕降職後人會離開，使得人卡在那邊不上不下，那困境真是公司難為、你難受、員工難過的三輸局面。

## 主管與基層員工的使命不同

泰瑞是一間餐廳的店長，總覺得成為店長後，時間少得可憐，以前是小主管時，還有機會跟員工一起下班並小酌兩杯，現在卻幾乎都是最後負責鎖門閉店的那個。

我好奇的問他：「你身為店長，也跟大家一起排班嗎？」

泰瑞回答：「對啊，我跟著員工一起輪早中晚班，也跟著分區站位。」

「那當你負責某一區的工作時，能夠顧及到其他分區夥伴的狀況嗎？還是他們有問題的時候再來找你？」

他嘆了口氣說：「小安，我知道你要說什麼，也知道店長不該把自己排在人力結構裡面。但是像用餐那樣的尖峰時間，我不跳下去做根本不行，公司制度就是這樣，整間店有固定額度的人力配置，我也是逼不得已只能把自己排進去。」

我問：「那你有嘗試跟總部做提案建議嗎？」

泰瑞聳了聳肩回答：「講也沒用啦！區經理每次來巡店時也沒說什麼，他一定有看到，但什麼改變也沒有，肯定是總部不想增加人力成本。」

泰瑞的說法沒錯，公司有「最低能夠營運」的期待標準，但身為實際在店內營運的主管，你絕對有權利畫出「真實能夠營運」的執行標準給公司看。若公司配給的人力是十位員工，但經你評估過往與現在的數值，包括人員流動率、尖峰時刻的狀態後發現，人力其實蠻吃緊的，若能增加二位（不包含自己），對於店內營運會更加順暢，並且同時能夠顧及服務品質。將所有數據資訊統整呈報給公司，提出人力結構調整的建議，而不是眼看人力不足，猜測公司不會採納，乾脆自己跳下去做。

因為當主管這麼做時，很容易忽略員工可能的失誤，當失誤如滾雪球般演變成顧客抱怨時，還是得由你經手處理，外加那零零總總的報表、進貨、盤點等事務，身為主管的你只會有忙不完的事情。

別忘了你是人，不是神，**公司賦予你成為主管的權力，是希望你能夠帶著團隊成長，而非事事都自己扛，運用你的謀略，以確保團隊運作的順暢度。**

假設你是一位超級業務專員，每個月都能為部門創造五百萬業績，如今你榮升成為主管，帶領五位夥伴，他們每個人每個月只能帶來一百萬業績，那麼整個部門就是一千萬的績效。當你成為主管後，公司會期望日益成長，營運目標數值也要成長，你會選擇獨自扛下這個KPI，或是跟老闆提議降低你個人業績為三百萬，讓你有時間傳授指導這五位員工，幫助他們每個人從一百萬業績成長到二百萬。

有發現嗎？當你做好主管的職責，帶領員工成長茁壯，光他們五個人的業績就能達到過去的績效。你不需要孤軍奮鬥去面對，身為主管的使命，就是要激發每一位夥伴最好的表現狀態。

你是否有這種企圖心跟公司溝通？倘若你的能力與企圖心，沒跟著職位往上爬，那麼薪資跟職涯，絕對很快碰到瓶頸。

## 不適任時怎麼辦？

假若現在的你，經過幾番天人交戰後，還是寧可放棄主管職，想要回歸基層員工的時光，不介意調整職務跟薪資，那麼請你趕緊跟老闆說明。我常碰到許多企業主或是高階主管分享，他們為了顧及同仁的面子，沒能讓不適任的主管降職，也害怕每位員工都吵著要當主管，畢竟主管位子有限，一座廟不見得供得了這麼多尊佛，如果能碰到主管自己提出降職需求，或許還幫了個大忙。

**但我相信你的能耐不只如此，也許你只是還沒看到你對未來的渴望。**

慌張與自我懷疑，是剛成為主管時常會有的感受。然而，沒有人一開始就懷抱著「我已經準備好了」的心態，都是當了主管才開始學習怎麼當一個主管。

人都想要追求更好的生活、看見更好的自己，有人看見你能夠成為鑽石的潛力，所以你才會站在這個位置，成為領導者。把人生的時間軸拉開來看，當你越早開始學習如何成為領導者，表示你成功的時間也會往前移，倘若你現在放棄了，也許雕琢成耀眼的機運就錯過了。未來趨勢下，市場只會越早培養領導者，當你有一天突然想要主管的職位時，會不會市場已經容不下你了呢？

當主管不容易，要學的東西很多，且責任重大，這是真的。但成為領導者是最便宜的投資了，以前看書是過目即忘，現在看書所學到的工具，是可以立即嘗試套用在公司內部的管理上，保持這樣的實驗精神去應證跟優化，就能慢慢找出屬於你的問題解決能力跟營運管理技巧。

# 3

# 要滿足高層要求還要體恤員工，當夾心餅乾好累

賈斯丁跟馬克是國中死黨，在一次的餐敘上彼此訴苦……

「當主管真的是苦差事，上次老闆說我的部門員工會議記錄寫不好，後來我幫他改，好讓他少挨點罵，沒想到卻換得兩邊罵。老闆說我搞不清楚自己的角色，員工說我刁難還搶功勞，真是裡外不是人！」賈斯丁激動地說。

「我也沒好到哪裡去，明明不景氣，老闆還要求這麼高的業績，還不就是要我當黑臉逼員工。夾心餅乾很難當，根本沒辦法同時滿足老闆跟員工。」馬克呼應著同樣的心情。

其實像這樣夾心餅乾的困境不僅僅是中高階主管的煩惱，即便是基層員工，

也需要在滿足顧客需求跟主管要求之間做拉扯；老闆也需要在股東利益跟員工心聲之間做權衡，這是每一個人或多或少都會面對的兩難。

**我們之所以會覺得被夾在中間很痛苦，是因為大多數的人追求的是一個能夠同時滿足雙方的完美結果**。以飯店的例子來說，前檯員工常會抱怨公司超賣房間，導致顧客來的時候沒房間可給，讓他們在第一線得承受顧客的怒氣，然而站在公司的立場，為了確保能達到滿住房率的標準，超賣只是為了平衡顧客臨時取消的手段之一。

一般員工通常面對凌晨才到的住客，都會很直白的說：「沒辦法啊，現在沒房間了，因為您超過入住時間，我們以為您不需要，所以就把房間優先給其他客人了。現在是全館都滿房的狀態，可能您要去找其他間飯店喔！」這樣回應客人，當然會挨罵。曾經身為前檯主管的我，也碰過這樣的情況。

身為主管要的不是抱怨，或將責任推出去，而是盡力從中找到共識平衡，試著在超賣比例上進行分析，與訂房部討論調整，並且在後續安置顧客在他館住宿的過程中盡力協助，親自送顧客到其他飯店安頓好，在能力範圍可及的狀況下盡全力。或許你會想，那麼就乾脆滿足員工期待，不要超賣就不會有顧客抱怨，自己也不用做那麼多收拾後續的工作，但是當住房率跟績效沒達標時，身為主管的你，還是需要對公司交代不是嗎？

**當我們想要讓兩邊都滿意，最終就會變成裡外都不是人，因為我們沒有思考過自身在這件事情的定位。**

許多主管會把自己變成上司在員工身邊打探消息的密探，同時間也是員工在上司身邊打臉的刺客。當你把員工的不滿一五一十的跟上司講，員工只會認為你是老闆派來打探消息的「抓耙子」；而老闆也只會認為你是員工派來批評抱怨上司或是公司制度的打手。那麼你不旦會失去員工的信任，也會被老闆打入冷宮。

## 主管的任務是成為翻譯官

中階主管需要成為的是，上司跟員工之間的翻譯官。收到一段資訊時，要能夠先咀嚼消化，剖析哪些話可以講？哪些話需要包裝後才能講？哪些話需要消音、刪掉情緒後再講？訊息的過濾顯得非常重要。

員工的抱怨，有時候是單純的訴苦、有的希望引起關注、有的是開啟共同話題。身為翻譯官的你，需要在這大量訊息中判別哪些是真的需要被解決的問題？哪些是可以採納的反饋？在經過你的統整後，轉化成為具有建設性的建議再向上呈報。至於面對那些純粹的抱怨，就別往心裡去吧！有些事情，看透但不說破，才是智慧之道。

有時候上司的指令，是針對企業未來三到五年的發展需求，而這視野不見得是員工可以看得到的，因為員工看的是「想做」，主管看的是「能做」，老闆看的則是「得做」。**身為中間的翻譯官，考驗我們的是，能否將這些最終目標轉化成讓員工可看見的方向，帶領他們去執行。不論我們想的跟老闆一不一樣，得做就是得做，那倒不如試著創造能做跟想做的氛圍，跟團隊一起思考解決方案。**三流的主管能夠找到問題，二流主管可以分析問題，一流的主管則是能夠解決問題的人。

許多管理的文章強調帶人要帶心，建議主管要跟著員工同一陣線，同仇敵愾的把上司或公司當成共同敵人，這樣就能建立帶人帶心的領導風範。譬如：公司訂了下一季業績成長百分之二十的目標，主管接下了這個任務後，回到辦公室要傳遞給部門夥伴時說：「公司就是向錢看齊，下一季要我們業績得成長百分之二十，訂這麼高是要怎麼做？我站在跟你們同一陣線，覺得上頭這樣規定很不合理。」

也許你以為這麼說會讓員工認為你很挺他們，而能贏得人心，進而願意服從你的工作指派。但對這我抱持著不同的想法，樹立一個共同敵人，的確可以創造凝聚力，但這個假想敵不該對內，不論是上司或公司，你們都是同一條船上的生命共同體，誰垮了都不會有好處。再者，你又如何能確保這些資訊不會傳到上司耳中，而使得他對你的評價跟能力大打折扣。

## 別把上司當成假想敵

A跟B是來自中國的兩位好朋友，他們都不喜歡某一位英國來的女教授，認為她很難相處。有一次二人在樓梯間看到那位女教授，便用中文對談。

「女魔頭來了，她以為自己有多厲害，不就是在飯店當過經理嗎？」A雙手抱胸不客氣的說。

「對啊，英國佬有什麼了不起，我叫我爸把飯店買了，哈哈哈……」B驕傲的回應。之後這堂課程的每一次考試跟報告，他們倆總是拿到零分，當然學期最後這個科目被當掉了。

A跟B很不服氣，認為教授是針對他們，所以跑去教務處申訴。教務處長請教授一併參與申訴說明的會議，教授首先使以中文說：「你們應該沒想過我會說中文吧！那天你們在樓梯間所說的話，我都聽到了。」

A跟B嚇傻了眼，沒想到眼前的英國女教授居然聽得懂中文，還能用流利的中文對談。接著教務處長也回應：「這是你們需要學習的課題，永遠別在背後對人說三道四，也別樹立沒必要的敵人。現在你們只是拿到一個F，出了社會這麼做了，你們會得到的將是Fire的結果。」

或許你會覺得這間學校的做法太過了，然而在國外的教育中，重視的不單單只是知識的學習，同時也培養學生在未來職場上的倫理。同樣的案例在亞洲，不見得會有同樣的結果，這是一個保護與仁慈的做法，但出了社會後得面對的真實是殘酷的。

把上司變成假想敵是很危險的事。

別因為要討好某一方，而跟另一方成為敵人，損人且不利己。在中間的翻譯官，得懂得圓融的轉換資訊，不是應聲蟲更不是傳聲筒。譬如前面提到業績設立的案例，當上頭給了一個頗高的業績標準，若你認為要達到會有難度，那就別只是當個應聲蟲，先試著跟上司溝通協商，剖析這其中若要達成，需要具備哪些條件與資源。

成為主管後，不再是單純的執行者，而是老闆的參謀，如果上司最後仍堅持這個數字，在回去跟團隊傳達前，請先確定自己的情緒穩定下來後再說明，因為第一時間帶著情緒溝通，那只會成為充滿負面情緒的傳聲筒，對事情的結果不會有幫助。

## 為上下建立良好的溝通管道

與其像前面那樣跟員工同仇敵愾的罵公司，倒不如思考：你期望溝通後，員工會怎麼做？萃取對於這段關係跟結果有幫助的內容，來進行闡述，這才是目的性溝通的意義。例如：中階主管可以這麼說：「公司肯定我們的能力，針對下一季的業績目標，認為我們可以衝刺成長百分之二十。乍聽之下真的蠻挑戰的，不過我們已經擁有哪些哪些成功的經驗，可以複製這些模組，同時間針對那些欠缺的資源，我會跟公司繼續爭取。相信在我們一起努力之下，肯定能夠戰勝這個任務！」

我曾經遇到一位很棒的主管蕾貝卡，她非常懂得在上司與員工之間進行溝通。在一次的會議上，董事長指派一個任務給我，會後蕾貝卡跟我說：「針對董事長提到的任務，你回去辦公室不要馬上做。我先跟董事長再進一步討論，了解全盤細節狀況後，看看能夠先爭取哪些資源，你再去執行，避免中間有變卦或調整。」蕾貝卡知道我是比較急一點的個性，是那種一接到任務就會立馬執行的人，所以特別這樣交待我。她懂得針對不同員工的特質，給予不同的領導方式跟任務傳達，成為上司跟下屬之間最圓融的翻譯官，中間的資訊傳遞順暢，目標就容易達成。

**當夾心餅乾最美好的狀態，不是被上下夾殺，而是被上下擁抱。上司認為非你不可，下屬也覺得有你真好。在中間傾聽兩方的想法，透過自己的傳達產生影**

響力，畢竟身為中階主管的我們，無法改變別人的行為，但我們有能力，可以創造使人想做的氛圍。

# 4

# 下屬充滿抱怨跟不滿，做事還要管員工心情

凱莉是業務經理，部門內部的晨會結束後，通常會有幾個員工主動留下來想跟她聊聊，凱莉很願意花時間傾聽員工心聲，但總是接收到一大堆負面訊息，搞得自己的情緒也烏煙瘴氣。

她嘆了口氣說：「有些員工每天都在抱怨，我怎麼安撫跟激勵都沒用，有的則是不定時炸彈，突然就會被引爆。我已經盡心盡力了，但員工背地裡卻說我只會講風涼話。當主管每天都有處理不完的事情了，還要照顧員工的心情，這職位真的很難做啊！」

其實像凱莉這樣的主管，是很難得的。在忙碌的日程中，她願意花時間傾聽

員工想法跟聲音，也試著調解狀況。然而主管真正被公司任用的，是專業的管理能力，幫助員工把事情做對，而非成為心理諮商師。把自己放在錯誤的角色定位上，難怪會把自己搞得疲憊不堪，員工也沒得到期待結果的雙輸局面。

## 當下屬抱怨時

面對下屬的抱怨，首先要分辨這是倒垃圾般的情緒抒發，還是希望解決問題的求救訊號？有些人不論碰到什麼大小事，都會發牢騷，舉凡案子太多、客戶太難搞、甚至是螢幕太小都可以是碎嘴的項目。

史蒂芬是一名社會新鮮人，知道父親一直很省吃儉用，為了表示孝心，便把他拿到的第一份年終獎金拿去買了智慧型手機送給父親。史蒂芬的父親拿到禮物開口就說：「為什麼這麼浪費？我現在的手機還可以用，根本不用買新的。錢不好賺，你應該要學會理財、學會存錢，怎麼會拿去買這麼貴的東西……」史蒂芬聽了很受傷，覺得自己的善意沒被接受。然而過了幾天，史蒂芬回家碰到樓下管理員，管理員笑著說：「哇，你很孝順耶！買手機給爸爸，爸爸很開心到處跟大家分享，說他覺得很驕傲，兒子這麼貼心。」

**有時候，表象的行為跟言詞，不見得是我們以為的那樣。**

**身為主管，是無法全盤處理這些關乎個人感受的事情，此時只要讓員工了解你已經聽到，並且同理他想要表達的。針對情緒只要接收而不需要接受**，否則將會像凱莉一樣，被負面情緒給淹沒。

倘若不是個人情緒感受的宣洩，而是許多人都抱怨同一件事情，那麼就需要進一步釐清是跟制度流程有關，抑或是人際關係的議題。譬如：系統不順、流程繁瑣、工具陳舊等，與工作項目有關的事，主管能夠做的是改善與優化，調整部門內的做事方法，幫助團隊更簡單做事、輕易達標。

「管事」能夠靠經驗跟技術的培養，學習更好的管理方法。比較有挑戰性的反倒是「理人」，如果多數同仁都不約而同的抱怨同一位人員，那麼這也是你必須要介入的事，首先請仔細觀察分析，若發現該同仁真的行為有狀況，與其告訴他錯在哪，倒不如直接告訴他怎麼做，讓他明確的知道，該如何糾正與調整。

行為改正需要設立一個有時效的觀察期，我通常會建議觀察三到六個月的時間，如果三個月內有明顯改善，但還有需要強化的地方，那麼最多可拉長到六個月，確立該名同仁的行為得以完整調整。

之所以設立觀察期，是因為行為改正需要時間，不可能立竿見影。養成一個習慣至少要二十一天，而每個月都需要從中持續指導。不教而殺為之虐，遇到這種狀況時，先別急著裁掉員工，設定一段觀察期並施以明確的行為指導，來改善其行為。

## 當下屬不適任時

有一種下屬，講話相當尖酸苛薄，到處與人起衝突，當你給與指正時，他會說：「不是我講話帶刺，我句句都屬實，是對方太玻璃心，把事情看太重，怪誰？」類似這種沒有自省力，不認為自己傷害到團隊和諧的同仁，即便你給予建議，他仍固執己見，長時間下來便成為了毒瘤員工。即便他的績效產能再好，也建議身為主管者，在面對不適任員工時，要勇敢斷臂求生，不然病毒擴散後，會影響到整個團隊的士氣與表現。

心理學有個破窗理論這麼說到：「環境中的不良現象如果被放任存在，會誘使人們仿效，甚至變本加厲。」當一個團體裡存在著一個不適任員工時，其實整個團隊都在看主管會如何處理，時日一久卻仍置之不理，大家對主管的信任程度也會降低。

貝拉是一間設計公司的員工，原本上班時間是八點半，公司為了體恤員工，有彈性打卡的制度，只要在八點半到九點間打卡都不算遲到。貝拉總是在八點半前抵達公司，做好準備上班的前置作業，九點就正式開始工作。然而她發現同事小梅不是如此。她每天總是在快要九點才進辦公室，而且早餐還沒吃、妝都還沒化、電腦還沒開，等到真正開始上班，已經是十點了。

貝拉覺得很不公平，私下跟部門主管反應，但主管並沒有任何處置，只說會找時間好好跟小梅溝通。幾個月後主管發現，其他員工連同貝拉在內，也都越來越晚進公司，大家都忘了本來上班時間是八點半，彈性打卡時間原本基於善意，最終卻成了員工濫用的福利。

**端正視聽才能樹立風氣，當你願意聽員工表達聲音，便需要認真花時間搜集證據與處理應對，別讓忙碌成為沒能適時跟進的理由，讓一個你不期望存在的風氣擴散。**

## 讓主管頭痛的三種下屬

通常容易讓主管頭痛的員工有三種，第一種是文化理念相左的人，他會破壞大家的信念與信心，做事理念與團隊方向不一致，甚至會延伸出負面影響。曾經有間健康食品業的主管欣娜跟我分享，她的部門有位員工，為了把產品銷售出去，以誇大不實的方式行銷甚至宣稱有療效。縱使他的績效再好，欣娜也擔心這些空頭支票開出去，之後無法兌現而造成顧客抱怨，更可能傷害公司形象，在多次溝後無效後，欣娜決定與其長痛不如短痛，她當機立斷資遣這位沒有文化認同度的員工。

第二種是破壞人和的員工，只要跟他共事就會有衝突，溝通就有火藥味，不論跟誰擺在一起都容易擦槍走火。企業需要團隊合作才能順利營運，沒有一個員工能夠獨立完成公司內的所有項目。巴特是很有主見的員工，同事們其實不討厭巴特，只是每次開會時，巴特總像是刺蝟般，帶著敵意對抗每一位同事，需要跟巴特共事的人，都覺得很痛苦。巴特或許明白自己被多次投訴，也感受到跟同事工作的氛圍日益緊張，最終選擇離職。

第三種是能力不足的員工，多數主管都會在第一時間選擇放棄能力不足者，但其實能力是可以透過教育訓練加以強化，前面兩種關於態度問題，才是真正棘手的。

## 卓越領導者的4P

在面對難搞的下屬，想要成為卓越領導者，一定要堅守以下4P，在面對職務中的管事理人，才有機會達成期望。

第一是意義（Purpose），請不斷提醒自己成為領導者的核心價值是什麼，你期望帶給團隊何種氛圍？擁有怎樣的中心思想？這會讓我們在面對事情決策或是帶領員工上，都有個行為準則，有機會降低錯誤判斷。

第二是堅持（Persistence），堅持做對的事情，而非選擇做容易的事情。面對一位高績效，卻破壞團隊和諧的毒瘤員工，到底要扮白臉繼續吞忍，還是需要果斷作出裁決？是否有非他不可的必要性，還是有其他創造績效的方法？主管對於管理理念的堅持很重要，在面對困難時的決策，也是樹立領導風範的時機點。

第三是耐心（Patience），這裡提到的耐心是指沉著的心，碰到任何事情都不要急著反應，擁有縝密的思考能力，比起快速的決策能力來的重要。聽到一件事情，能否先屏除個人情緒，冷靜搜集證據並客觀判斷分析。員工的抱怨，到底是傾吐心情？尋求資源協助？還是建議回饋？如果單看外在行為表現，把所有負面口吻都當成抱怨，並且用同一種方式回應，那麼成效當然會不如期待。問題不但沒被解決，還會持續發生，甚至有惡化的可能。

第四是產能（Productivity），領導者重要的資產就是思考能力，如何透過剖析布局，幫助團隊提升產能表現，若只是單純的執行者，那便有失身為領導者的條件。在分析來自員工的聲音反饋，把情緒字眼消音後，想想哪些是對組織有助益的項目？如果能夠將流程優化、建構系統、提升工具並帶入資源，抱怨的聲音將會越來越少，最後剩下倒垃圾傾吐的成分，那就只要回歸到同理即可，根本不需要讓你費心思量。

**你很優秀，才會走到今天的位置，擁有如此的成就。我們無法避免負面事情的產生，但絕對有權利選擇如何正面積極的應對與解決。**愛因斯坦曾說：「瘋狂的定義，就是用同一種方法，卻期待著不同的結果。」我們都不瘋狂，試著用新的方法做事，也許會看到不同的可能！

# 5

# 想跟下屬建立好關係，卻失去權威，界線好難拿捏

安娜是一位空降主管，希望能跟團隊成員建立好關係，第一天到職就買了名店的蛋糕請大家吃，不時的自掏腰包請下屬喝下午茶，下班聚餐的活動也盡量參與。但這麼做幾個月後，她卻發現自己跟下屬的距離是拉近了，但是交辦的事情常常被賴皮拖延，導致部門的產能跟效能下降。她不想破壞和諧友好的辦公室氛圍，也不想太過嚴厲管理下屬，卻漸漸的失去了主管原本應該有的威信……

有些主管在面對員工表現不佳時，會選擇睜一隻眼閉一隻眼，假期排休都讓員工先選，考核時也盡量不當壞人，給予一樣的考績。這樣的主管，很容易被員

工所傷，就像安娜，她為了建立好關係所釋出的那些善意，員工不見得會領情。說實話，下班後同事們的聚會，是大家齊聚「數落」公司跟上司的時間，主管全程參與，不僅員工們無法盡情宣洩狂歡，還得照顧到這尊「神」，聚會不但拘謹，還有被監控的感覺。

## 主管與下屬該建立什麼樣的關係

有些人會說：「某某某升官就變了個人，真是換了位子就換了腦袋。」其實換了位子確實就需要換個腦袋，主管不能再用過去的思維跟行為來建立關係。優秀的領導者，絕不是靠花錢買下午茶，或是打屁聊天喝酒來建立關係，而是成為員工亦師亦友的存在。

**亦師的關係是，員工知道主管有時會是嚴師，在做錯事的時候，會給予建議與引導，幫助自己改正成長**。安格斯是位工程師，他非常欽佩自己的主管：「我的主管平常不會跟我們特別親近，也不是會說笑談天的關係，但他就是能夠讓人信服。譬如有一次我程式寫不完整，他會指導我該如何做，幫助我把系統建構得更好。雖然他蠻嚴厲的，但我覺得可以從他身上學到很多。」

**亦友的關係是，員工知道主管有時會是摯友，願意給予真誠的關心**。大部分的主管在員工生日時，通常是等待大家寫完卡片，自己最後加上簽名，好一點的可能會多寫幾句祝福的話。姍卓的主管不一樣：「我的主管居然知道我的生日是哪一天，而且一個月前就提醒大家，要大家不要跟我搶這天休假。他還手寫卡片給我，裡面細說了他對我的感謝，超感動的啦！」

## 5P正向關係

主管要跟下屬建立起正向的關係，就像是銷售一樣，要把商品賣出去，得讓對方想買單才行。想要跟團隊夥伴建立共同關聯性，主管需要做到5P。5P是美國埃森哲顧問公司的研究，它能運用在與顧客維持長久的關係。分別是目標意義（Purpose）、榮耀感（Pride）、夥伴關係（Partnership）、安全感（Protection）、個人化（Personalization）。我認為套用在主管與團隊的關係建立上，是很好的指標工具。

## 目標與意義

身為主管需要思考所有制度與行為背後目的是什麼，同時也必須讓員工清楚被交辦事件的意義與目的。例如：在指派任務給下屬時，是否思考過為什麼是他？有什麼明確案例可以讓他知道自己能勝任？

你可以這麼跟下屬說：「我發現你桌面的照片修圖技巧很好，想必你一定擅長各種製圖軟體吧！這次我們內部教育訓練的宣傳海報，想借用你的繪圖才華來製作，肯定能成功吸睛。」

賦予每一個行為明確的目的，可以讓下屬更了解你的決策，也才能慢慢建立默契，在他心中築起與你相近的價值觀，而不是一個口令一個動作的任務指派。

## 榮耀感

闡明目標與意義後，接著要建立員工的榮耀感。回想你吃過的美食、用過的好軟體、看到的絕佳美景，是不是會很想跟別人分享？不論是打卡上傳到網路，或是跟親朋好友們好康道相報，你會很願意把自己獲得的美好經驗，傳遞讓更多人知道。職場也一樣，當你對一份工作感到熱衷時，會樂於跟朋友分享，讓他們知道你的工作細節，縱使有辛苦的一面，也仍舊有所收穫，以自己的工作為榮。

讓員工認為工作具有榮耀感，絕非一朝一夕可達。身為主管，需要做的是，適時的給予激勵與鼓勵，把功勞的光芒給團隊而非自己。因為即便是能力再強的主管，也無法獨自完成所有的事情，既然都必須要跟夥伴們同行，何不讓他們跟你建立起革命情感。

每年蘋果公司發表會上，營運長不會從頭到尾霸佔舞台，而是適度的把光芒給各單位的專家，讓他們進行該領域的簡報。我也曾經碰到一位主管，邀請我參與高階會議，直接與股東跟老闆做簡報，說明我們最新的培訓計畫。的確那是我負責的專案，但主管也清楚企劃細節，他大可當作自己的功勞去展現，但卻選擇為我創造無比的榮耀感，也讓我對這份工作以及他產生更高的凝聚力。

## 夥伴關係

與下屬間，想要擁有信任與信賴的感受，得先從願意與員工建立起夥伴關係開始。曾經有個主管跟我分享：「我的部門根本就是人才培養部，其他部門缺人都要來我這裡挖，我自己人手都不夠用了，為什麼還要把好不容易培養好的人讓給別人？」倘若另一個部門的職務真的更適合你的下屬，你是否願意真心祝福，讓他去更好的地方呢？

當你是真心為下屬的發展著想，即便他到了其他部門也可能產生好的效應。試想，在你需要跨部門溝通協助時，這些像是你徒子徒孫的好夥伴們，會不會成為你得力的助手呢？**夥伴關係並非上下，而是前後的領導。讓員工知道你會在前面引導他們前進，也會不時的回頭傾聽他們的聲音與建議**。

將夥伴關係建立在你希望他可以更好的基礎下，大多數主管會在下屬做錯時才檢討，但我建議每一季至少有一次深入對談，透過對話來加強彼此的認識，檢視哪些地方是身為主管者，能夠調整或是給予協助的地方，甚至是在指派任務前，預先給予指導性的前饋，降低下屬犯錯機會。

## 安全感

在我成為主管後的職涯中，偶爾也會有其他部門的人或是上司，責罵我部門內的員工。發生這樣的事情時，我一定會私下與該主管溝通，希望他們未來可以把需要指正與指教的資訊讓我知道就好，由我來吸收負面資訊，再消化轉換成員工可理解與接受的內容，並且指導他們做更好，但是請不要直接對我的夥伴劈頭就罵。

當主管願意保護下屬，他們絕對能感受到主管的在乎。不顧下屬生死的主管，只會培養出卸責的團隊，而非當責的文化。面對外在威脅，一個團隊的安全感來自於主管力挺的態度，當下屬做錯時，不必擔心被別的部門責罵。主管與下屬間的安全感是互相給予的，若當主管願意為下屬挺身，團隊也將願意為你衝刺。當然，威脅也可能不全來自於外在，有時候也來自於主管本身。就像小艾的主管的做法，便容易引發團隊的不安。

「我的主管根本不管我們死活，他很常在下班前一小時臨時指派任務，擺明就要我們加班嘛！然後在他要下班時，就會到我們每個人的座位前面問，為什麼我們還不下班？拜託！工作都他給的，我們為什麼不能走，他應該最清楚不是嗎？」小艾感覺自己被主管利用壓榨，而不是被培養成才，如此長期不安感的累積，彼此的關係當然也會越來越緊張。

倘若小艾的主管在交派任務時這麼說：「小艾，我知道再一個小時後就要下班了，但我剛剛在會議後發現，如果我們不調整這次企劃的方向，必定會少了市場競爭力，所以臨時需要你重新思考一下產品定位。我們今天會稍微加班，一起把這個案子搞定，你有需要任何幫忙再跟我說，我們可以一起想。」

這麼說會讓下屬有安全感，因為他能感覺到自己不是孤軍奮戰，而是有個可靠的上司與他並肩同行。

## 個人化

你是否清楚知道團隊內的誰與誰合作，產能可以達到最好；誰與誰剛好就不對盤，放在一起工作肯定降低效能？在任務分配時，主管需要針對每位員工的能力與進度進行評估，做到個人化的了解。

漢娜是一個反應很快的主管，能夠舉一反三，在短時間內產生新的發想，然而他的副手安迪不同，他需要時間去計畫與思量。漢娜總認為安迪不夠認真積極，而安迪則認為主管百般刁難，也因此兩個人在合作時常有磨擦。

身為主管需要花時間觀察團隊成員，才能夠針對不同職務需求，找到對的人來溝通與指派任務，而不是千篇一律的用同一套方式對待不同的人。

記得我第一次回台灣當培訓主管時，上任不久就碰到了情人節。我當時想，部門幾乎都女生比較多，身為男性主管應該要表示點什麼，所以我給每個人都買了一盒巧克力。原本以為自己很聰明，誰料想到我的夥伴一個個的拒絕：「老闆，你不知道我不愛吃甜的嗎？」「老闆，你不知道我在減肥嗎？」被嚴重打槍後，我學到了個人化對待夥伴的重要。之後有機會到別的國家旅行時，我會依照每位夥伴的喜好，準備不同的小禮物，讓每一位都有被重視的感動。

要怎麼做到個人化？這需要長時間的觀察與紀錄。我的記事本裡會特別記下每一次對下屬的觀察，包括喜歡的顏色、有皮膚過敏、喜歡某個明星、吃素、孩子剛滿月等等。這些或許都跟工作無直接關聯，卻都是夥伴們在意的一切，**唯有你在乎他所在乎的，才有機會撼動他的世界**。

**重點不是花錢與否，或是金額的大小，而是給對方一個你有在觀察、關心與注意的驚喜**。曾經有位便利超商的店長，觀察到店裡工讀的員工很喜歡某個line貼圖，卻捨不得花錢買。在一次表揚優異表現時，店長買了這個貼圖送給他，這份心意對員工來說很重要，甚至超越那貼圖本身的價格。

**人際關係中的幸福感，往往不來自於理所當然的付出與獲得，而是那個出乎**

**意料的備受重視**。善用這五個P，能夠幫助你與員工建立友好關係，不需要靠權威壓制，也不需要花錢收買人心。身為主管不需要刻意討好、不需要委屈自己，也能樹立屬於自己的領導風格，與充滿向心力的團隊。

# 6 下屬教不會，自己做還比較快，搞得自己好累

「小好真的讓我感到很頭痛，每次教完問她會不會，她都說懂；交待的事情，問她行不行，她都說沒問題。但後來發現問題一大堆，不是少了這個、就是缺了那個，乾脆我自己來做，才不會浪費時間。」佩姬埋怨著她的下屬，同時內心嘀咕著：「什麼都要我做，那到底要妳幹麼？」

演而優則導，因為演得不錯而成了導演，但怕的是又要導又要演。與其把人教會，倒不如自己做還比較快，這是許多主管容易犯的通病。能夠成為主管，表示你的特質或能力特別突出，**但領導者最需要的不是做事，而是能夠讓每一位團隊夥伴都持續做對**，否則大小事都要你親力親為，蠟燭兩頭燒終有燒盡的一天。

然而，當你把任務指派後，究竟為什麼員工怎麼樣都做不對，無法達到期望的結果呢？主要有兩個重要的因素，即「能力不夠」或是「動機不足」。

## 能力不夠

天底下沒有教不會的員工，不過把人教會的確不容易，這其中需要細心的觀察以及耐心的指導。別輕易聽信下屬說：「我懂了」、「沒問題」、「我可以」因為人的記憶是需要時間的累積。

說過，並不等於教過。當你拋出那句：「我講過幾遍了，為什麼還做錯？」其實只是證實了員工在前面幾次學習過程中，並沒有完整的吸收你所說的資訊。有可能一次給的資訊量太多，也可能是還沒有熟悉流程。如果你發現指導員工的過程中，他的神情緊張、不敢回應或發問，那麼有可能是你不知不覺給他過多壓力，試著調整說話的口氣，避免上對下的嚴厲權威。

為了避免口頭說明，員工容易忘記，最好的做法是，乾脆示範給他看。但光只有示範，就能確保新人能夠學會嗎？

威廉是餐廳二廚，新人小汀加入的這天他對小汀說：「等一下你就跟在我旁邊看著學，看我怎麼備料、烹煮跟擺盤。有不懂的就問，知道嗎？」小汀點了點頭。但幾個禮拜過去了，小汀仍然錯誤百出，拖累了廚房整個流程進度，威廉最後忍不住大聲斥責：「不是都有示範給你看嗎？這麼多禮拜都沒有記到腦袋裡？你有帶心來上班嗎？有問題為什麼不問？」

身為主管的你可能會想，對啊，為什麼小汀不積極學習呢？可以做筆記，可以發問，也可以自己私下練習啊！的確有的人是那少數的積極學習者，但我們無法保證自己得到的都是這樣的人才，面對那些也許學習力稍微較慢一點的夥伴，身為主管給予明確行動方針是必要的。在每一個小階段的學習後，適時的回顧前面的內容是否有疑問，同時搭配練習，幫助下屬扎實的累積能力，確認此階段吸收完整後，才進行下一個階段的學習。當他還沒有把流程熟悉到成為反射習慣，都還是有可能會忘掉或犯錯。

主管需要給予員工犯錯的機會跟學習的時間，同時讓員工分階段去學習，透過VARK*（視覺、聽覺、閱讀、操作）的完整學習方式，確保員工對於這件事情擁有完整性的了解，可以正確執行且持續做對。以新人小汀的例子來說，威廉可以透過示範帶來視覺、講授給予聽覺、請小汀手寫筆記，並在每次操作演練時，搭配筆記閱讀強化記憶。

**不教而殺為之虐，我們要追求的不是教完，而是確認他是否真正學會。**當員工持續犯錯，懊惱的不僅是你，他也將落入學習無助感中，這是一種不斷受到挫折，最終感到自己對於一切都無能為力，喪失信心的無助狀態。到時就真的是怎麼做，都沒辦挽回的地步了。

那麼要如何確認員工可以學會並持續做對呢？先求基本六十分開始，讓他能夠依循公司內部的SOP標準作業流程，確認達到標準後，再要求優化成長。你可以把你的經歷轉化成經驗，並且把這個經驗傳授給員工，讓員工可以複製。

在我擔任五星級飯店管家的期間，培訓員工該如何提供讓顧客感動服務時，我會讓他們先告訴我目前做了哪些好服務？哪些能夠獲得顧客正面的回應？先肯

---

*一九九零年代初，紐西蘭老師尼爾佛萊明（Neil Fleming）為了判定人們偏好的學習類型，作出一份被稱為「VARK」的問卷。即以視覺（Visual）、聽覺（Aural）、閱讀（Read）、及觸覺（Kinesthetic），將學生分類成不同的學習類型。

定他們的正確行為，接著才會傳授我的經驗。比方說，管家需要觀察顧客的喜好，提供進一步的貼心服務，與其詢問顧客喜歡什麼味道的精油，倒不如在整理房間時，觀察顧客是否有使用香水或護手霜的習慣，使用的是花香調或是果香調，作為點精油放鬆時的選擇依據。或者是打開電視，看看顧客最後停留在哪一台，是體育、新聞或是電影台？除了能夠幫助自己跟顧客開啟交談的話題，在報紙的選擇與版面的優先擺放順序，都能夠更貼近顧客的需求。

同時，我也會讓下屬知道我這麼做的原因，因為在顧客開口要求之前創造感動服務，才能營造令人難忘的驚喜，這就是行為背後的Why。只有傳授技巧，僅是模仿的「術」，傳授其中的脈絡，才是學到「道」，道術合一才是扎實的學習。若不了解行為背後的意義，下屬容易因為動機不足而影響學習與執行力。

## 動機不足

在教導下屬時，你需要賦予學習的目的，並讓他們清楚每一個行為設立的意義，這是為了幫助下屬更簡單執行任務、提高成功的機率。每一個人行為的動機都是為了自己，就連你閱讀這本書也是。你希望讓自己更好，員工也同樣，所以身為主管，我們該想的是，是否能營造充足的理由，提昇下屬的行為動機？

某公司行銷部主管葛瑞與下屬小傑正針對這一季的行銷活動進行會議探討。經過一陣討論後，葛瑞總結說：「這一季就先照這幾個方向去執行吧！」

小傑鼓起勇氣回應：「長官，我總覺得哪裡怪怪的，但說不上具體原因，就覺得做了成效不會太好。」

葛瑞聽完眉頭一皺：「你有更好的點子嗎？沒有的話就照我說的去做！」

三個星期後，活動案的效果的確不如預期，小傑被葛瑞叫去辦公室臭罵了一頓，說他辦事不力。小傑走出辦公室後，嘆了一口氣，心想：「我早說過不會成功，講了你又不聽，照你說的去做，失敗了卻算在我頭上……」

大多數主管可能會想，如果小傑不認同葛瑞的做法，不能光是反對而已，應該要提出建設性的建議。但如果下屬像小傑一樣，沒辦法給予具體的想法，與其否定他，倒不如引導他找到答案，**畢竟不相信，就不會盡力**。

我建議主管們使用「建言程序」的方法，先讓下屬去詢問公司內部三個人，對於這件事情的看法與做法，最終整合再加上自己的總結，再跟主管進行討論。如此可以讓下屬對於事情有多元化的思維，不至於完全沒想法或不夠客觀。**最好的狀態，是自發自主的行為，不是被逼迫或是沒頭緒的執行。**當下屬按照你的方式去做，做錯了又要承擔責難，下一次再給予新的指導或任務，他的動機肯定低落。

從新進員工加入的第一天至今，不會每一件事情都做錯，針對那些做對的事情，身為主管是否有給予立即的回饋與獎勵呢？這獎勵不見得是實質上的獲得，但口頭上的肯定與鼓勵是少不了的。回想我們過往的經歷，當我們做對了某些事情，也一定會希望上司給予肯定吧！我們都渴望好的一面被看見，打從心裡的願意與相信，才能強化想要做更好的動機。

**什麼都自己做，的確最快，但身為領導者的你，後面必須有人跟隨。讓員工成為你的助力而非阻力，把你的經驗與技術傳承下去，不是藉由「培訓」以複製另一個你，而是透過「培育」成就更好的他。**這是一個雙贏的局面，你培育的人才，成為你日後的左右手，而你也成為下屬最欽佩的後盾。

# PART 5

## 停滯倦怠的悶：失去工作熱情，不知為何而戰

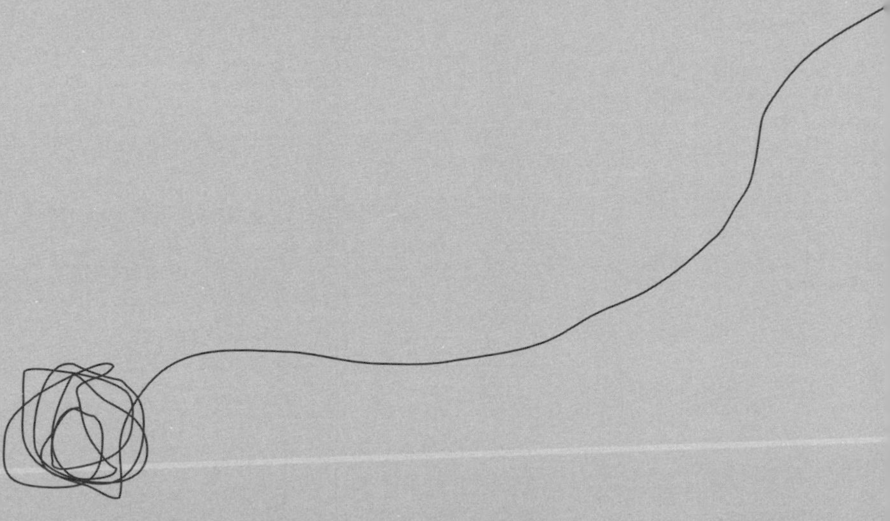

# 1 巨大壓力與長工時，讓我失去生活與工作的初衷

里斯跟好友戴安相約週末吃飯，談到了彼此工作的近況。

里斯說：「我做這份工作好幾年了，現在是部門的小主管，但每天都有擦不完的屁股、開不完的會、做不完的事，忙得好累。」

戴安聽完後問：「這樣的狀況很久了嗎？」

里斯搖搖頭說：「不是耶，記得剛加入公司的時候，滿腔熱血啊！每天都提早進辦公室，加班也甘願。但不知道從什麼時候開始，熱情不知不覺消失了。可能是工作佔據了大部分的時間吧！下了班也還在想工作，變得一點生活品質都沒有。」

戴安問：「你沒想過要換跑道嗎？」

里斯點點頭回覆：「當然有，不過這份工作對我來說畢竟安穩又上手，跳脫舒適圈也不知道會怎樣，會不會兩頭空？所以不敢太冒險，唉，只能走一步算一步。」

莫忘初衷、追尋夢想、成就理想，這些話常常被拿來激勵人心；但鮮少人認真思考與設定，屬於自己的人生目標。人生目標像是一道菜，裡面由不同的食材組合而成，每一個小配料都是重要的角色，各自精采才能撐起這份美味。然而多數的人只糾結在某一個點上，將最終的成功定義於工作上，或是能賺多少錢、做到什麼職位，而忽略了人生是多樣性的總和，包含了事業、財富、物質環境、個人成長、健康、娛樂休閒、社交人際、家庭生活、信仰等九個元素。

這九個元素所占的比重多寡，會隨著年紀跟歷練增長，而有不同的要求與期待。當你走累了、乏了、倦了，是否忘了檢視自己仍走在期望的道路上？各元素比重是不是要稍微調整？還是已經走偏了而不自知呢？

有網友幽默的說：「我的終極理想，就是不用工作。」但真的待在家裡無所事事，只要花錢遊山玩水就能快樂嗎？「不用工作」對我的意義是，當我全心投入在一份志業時，便已感受不到自己是在工作。

## 工作會讓人快樂嗎

有的人會說，我真的不知道自己想做什麼、渴望什麼，所以用金錢來設定目標。我們的確可以用數字來作為指標，譬如：我想要賺到一百萬，但「為什麼」要賺到一百萬呢？賺到這個金額要拿來做什麼呢？這才是需要思考的事。否則達到了這個數字，只會開心一陣子，立刻就又會繼續追求下一個數字目標。

賺錢是結果，而非工作的初衷。成功的人，會想方法為他人解決問題，只是剛好解決了問題，便有了相對的利益回饋；若單純追求數字或是只想從他人身上賺到錢，終究會讓人感到盲目與空虛。

**我們都希望快樂，也期待工作可以帶來快樂，但事與願違的，工作並不會讓你快樂，會讓你感到快樂的是，工作這件事以外獲得的價值**。例如：發揮你的專長為誰解決問題、賺到錢過你要的生活、和一群志同道合的夥伴一起打拼等等。以里斯的例子來說，即便他換了工作，也不一定能喚回最初的快樂。

初衷是最初的心意，但其實它不該只針對工作，而需要更廣義的看待。前面提到的人生的九個元素都需要存在，而且必須均衡發展，才會帶給人真正的快樂，只在工作上拼命努力，時間一長，就會很容易落入倦怠停滯期。

## 你喜歡什麼呢

除了工作以外，你知不知道自己喜歡做什麼？有沒有某件事情，能讓你完全沉浸在其中，無視時間與其他事物存在，而產生心流（Flow）的狀態。多數人每天都在做有產值，或是必須做的事情，例如：賺錢、照顧孩子……**這些事情填滿了一般人的生活，而自己想做的事情卻被放在最不必要且不緊急的區塊，自己想要的不見了。的確，那些事不緊急，不做也不會怎樣，但如果你做了會開心，就非常值得將它放在「計畫行動」的環節中，因為沒有什麼比你的快樂更重要。**

小新跟我聊到他因為壓力過大，無法好好睡覺，看了心理醫師也搭配藥物治療，都無法排解。我建議小新去體驗不同的事物，終於他發現自己在打電動的時候，能到達心流的狀態，但他害怕自己上癮沉迷、覺得這是孩子的活動、擔心勝負欲太重，反而打算放棄這項休閒調劑。

我跟小新說：「你應該不是要成為電競高手吧！玩輸了重來就好。如果害怕玩太久，可以設定每週玩幾小時的期限，如果打電動可以讓你投入到忘記時間，反而能夠轉換大腦專注的焦點、產生新的刺激。回顧一下，那幾天有玩電動的睡眠品質，有沒有比較好？如果有，那就順著你的心情去做，達到讓你放鬆的目的最重要。」

若你長期處於倦怠、無聊或消極的情緒中，對身體的傷害遠比想像中的大。**我們都知道，電池不能等到沒電了才充，這樣對於電池本身傷害很大；對自己也是，不斷自我耗損，卻也沒想辦法為自己充電，枯竭的是換不了電池的人生。**

在培訓這條路上，也走了十多年，為了避免自己落入例行公事的倦怠，我也嘗試了不少的做法。這一段話是我寫在手機裡，拿來時時提醒自己的：

**「重複的事情要流程化、標準化；驚喜的事要刻意化、設計化；無效的事要排除化、調整化；喜歡的事要行程化、提前計畫。」**

**工作只是生活的一部分，別祈求讓工作來改變你對於生活的觀感，而是要讓生活為你的工作感受加分。**

# 工作與生活是互相成就的關係

這幾年的英雄系列電影很熱門，不論是正義聯盟還是復仇者聯盟，鋼鐵人、浩克、美國隊長、蜘蛛人、超人、蝙蝠俠、神力女超人等，除了他們都很能打之外，你知道還有什麼共同之處嗎？

他們都有正職工作，下班後才當超人的。

鋼鐵人是軍火商、浩克是博士科學家、美國隊長是軍人、蜘蛛人與超人都是記者、蝙蝠俠是企業家二代、神力女超人是藝術鑑定師。他們都是下了班才開始拯救世界，白天的工作是他們的養分，工作與生活並非二分法的切割，反而是相互成就的關係。

時時檢視我們的生活是否有朝著自已期望的道路前進，而不是活在工作時埋怨著不能做自己，而下班後也沒在實踐理想的困頓情境。當然，人都有停滯或低潮的週期，有時候連續上課五天，甚至重複類似的授課主題時，熱愛新鮮感的我也會感到疲倦。但完成階段性任務後，我會到一家口袋名單裡的日本料理店報到，點套餐好好犒賞自己，品嚐道地日本美食，喝著溫熱的清酒，然後道出一句：「啊，辛苦工作不就是為了這個。」

**「獲得什麼」並非指享樂或是實質的獲益，而是一種心靈被滿足的踏實**。不論你設定的幸福是什麼，能夠讓工作與生活是相互成就的，便不會覺得任何付出是痛苦存在。

我們不應該等到感覺倦怠煩悶了，才開始重視自己的感受。在朝理想前進的同時，也別忘了適時放慢腳步，別一味追求速度。對工作投入的人，總有好多的理由不休假，即便放假在家，腦子仍想著工作，手機也放不下，自動加班超時工作，日積月累下，身體自然誠實地表現出它的不滿。我們都知道「工作是一時，健康是一世」，沒有時間休息的人，最終身體會找到時間生病，賺再多錢也是貢獻給醫院。

## 當工作是樂趣，生活就是享受

你可能會說，但我就是很忙啊！忙，其實跟事情的多寡無關。

有的人熱愛下廚，即便要長時間備料、忍受廚房的熱氣、最後還要清潔乾淨，但看到家人喜歡自己的料理，便會覺得這個忙很值得。有的人喜歡出國旅遊，因為時間有限，總是把行程排得滿檔，起得比雞早、跑得比馬快，但這樣的忙，反而讓他覺得充實。

古人造字很有意思，「心」「亡」才是真的忙，表示心已經死了。當一個人沒有自覺的行動，不明白做這件事情的理由是什麼，也沒有知覺的互動，像行屍走肉般的只有執行，就像死了般沒有意識地存在著。你有沒有回顧自己在這條路上走了多少？成長多少？獲得多少？當每日的生活都被代辦事項追著跑時，有沒有想過自己的不可取代性是什麼？對於他人來說，自己的價值是什麼？這一整年為多少人創造多少正面的影響？對於每件人事物的感受是什麼？

我一年會安排二次的假期，犒賞自己的努力，也讓自己充電。每次旅遊結束時，我都會跟安嫂討論這趟旅程最難忘的美食景點是什麼、有什麼有趣的記憶點。讓自己活在當下，好好享受眼前的美景、細細咀嚼口中的美食、認真感受身邊的新鮮、用心跟身旁的人交流互動……但在生活中，大多數的時間，我們在面對工作時卻都忘了回顧的重要性。在忙碌的工作中，你看見它所帶來的疲累跟壓力，抑或同時間也能看見它給予安穩薪資、展現的舞台、穩定的工作、共事的夥伴？它是否滿足了你內心的期望？

俄羅斯作家馬克西姆．高爾基說：「當工作是一種樂趣，生活就是一種享受。當工作是一種義務，生活就被奴役了。」我們工作是為了能夠過著期待的生活，但常常本末倒置的，把大多數時間給了工作，閒暇之餘卻漫無目的發懶，沒真正活出期待的人生，所以才會痛苦。

**有句話說：「沒有一個工作值得你賣命。」我的理解並非工作不重要，而是你比工作更重要。**因為賣命所犧牲的個人生活品質，以及處於這樣高壓的步調中，你可以維持多久？要你賣命的公司，通常不值得你待下來；值得你待下來的公司，通常不會要你賣命。一個人對公司的影響力有限，努力盡好職務內責任絕對是必要的，但是你有沒有好好在乎過自己內心的聲音，那個可能微微吶喊著期望，或者是魂牽夢縈的念頭？

就像國際名廚江振誠所說的：「當你覺得自己在吃苦時，已經對這件事情沒有熱情。然而，熱情燒完之後還剩下什麼？是你對一件事情的堅持，可能是一個信念、一個執著，是對你生命來說很重要的一件事情。熱情燒完之後剩下什麼，那才是精髓，才是你會不會走下去的重點。」

這輩子不見得會找到讓你開心的工作，但你絕對有選擇活出快樂的生活。好好思考一下，你期待過著什麼樣的人生？

# 2

# 好久沒升職，是不是代表我沒價值，好怕會被淘汰

陶俐是公司的資深員工，對公司有滿滿的忠誠度，對自己的未來也有危機感。她發現自己在同一個職位已經超過七年，沒有再往上升過，內心不禁想：「我是不是已經碰到職涯天花板了呢？會不會過幾年就被追趕過去？公司發現我沒有利用價值，就要我走人的話，該怎麼辦？還是我該趁現在快點換工作？」

擁有一定年資的工作者，對於職務都擁有某種程度的專業能力，但為什麼會碰到沒辦法繼續再升遷的情況，或是做事情有種綁手綁腳的感覺，是不是到了要換舞台的時候呢？

如果不是冗員的情況下，當我們面臨到升遷障礙時，可以參考以下三個訊號作為檢視：

## 企業顛覆性的轉型

當公司接下來的重點發展方向，跟你熟悉的專業領域迥異，幾乎是顛覆性的轉型，且是無法在短時間內透過學習可以上手的情況出現時，的確會造成無法施展長才，而導致職涯發展受到侷限。

Sony Picture在娛樂影音產業擁有一席之地，然而隨著時代的轉變，處於線上數位化的現在，會買實體CD或DVD的人越來越少，Sony為了持續經營下去，勢必需要調整發展策略與市場定位。從漫威電影製作、電影周邊商品授權，到遊戲業務開發，這些不見得是那些壓製唱片、影音銷售與音樂工作者所熟悉的領域，除非自己能夠跟上企業轉型的步伐，否則必定會因為時代的變遷而遭受到影響。

漢克是一名原創設計師，專門繪製漫畫人物與設計公仔。工作幾年後，得知公司不願再投入開發新的產品，而是把資金轉用在知名人物的授權，依樣畫葫蘆地製作公仔就好，完全不用再發想原創。漢克告訴我：「工作是變簡單又輕鬆，但這也表示我的設計師之路也差不多到了盡頭，只要照人物的模樣去做成產品就好，但這並不是我想要的。」

漢克接收到了這個公司顛覆轉型的訊號後，期望做點什麼改變，而非接受自己的天賦受限。於是，他選擇離開公司，成立工作室，成為了獨立設計師，專門創作屬於自己的角色與公仔，透過網路進行影音行銷，打開了國際知名度。

這個職場案例並非鼓勵你衝動創業，而是想要提醒大家，每個人能夠揮灑的舞台，不見得是現在的這一個，當你產生了危機感，看到自己在這裡似乎碰到瓶頸，別等著公司來決定你的未來，試著做點調整規劃吧！

## 人事結構具有框架

在任何公司裡都會有職場政治，即便我們再怎麼想擺脫這樣的角力遊戲，只專注在工作上就好，也避免不掉多少會被牽連影響，以至於能力施展跟職涯發展被侷限。

戴倫是汽車組裝工程的高階主管，是董事長相當看重的大將，原本前景看似一片平順，豈知在董事長因病宣布退位後，對於他的職涯也有了很大的動盪。大企業的營運交棒給下一代時，二代通常會安排自己所需與信任的人事布局。戴倫知道這個道理，但懊惱的是自己並不在新任老闆的信任名單中，能夠再升職的空間大概很有限。

這種人事結構是以家族企業在經營的概念，一些機密性高，以及核心的重要職位，通常會優先交給親信。

還有一種情況，是公司決定升遷的人員，都具有某種共通性，譬如：同個學校畢業、具有股東背景等，類似這樣的潛規則。除非你在裡頭，否則上面再多的位子，也只是看得到、吃不到。

伊芙在一家連鎖餐飲業擔任總監，當她看到核心團隊幾乎都是股東時，也發現了自己在職位上的限制，之後不久，公司在人事布局上做了新的整頓，便要求她提早優退。伊芙雖然內心不甘，但也只能接受，隨後她選擇轉戰到國外，以她的資歷與能力，仍舊有非常好的發展機會，現在成為了跨國餐飲集團的總裁。

伊芙說：「我當時真的滿氣的，不過回過頭來看，倒是挺感謝當時的阻礙，否則也不會有今天的我。」

**每個公司都有天花板，在一個地方觸礁了，可以找下一個規模更大的公司，它的天花板比較高，增加自己往上爬的階梯，還有多一些時間能夠成長跟累積。離開後，你會發現自己的潛能，還可以再次被激發！**

## 直屬上司的地位

跟對上司很重要！即便你能力很好，潛力無限，但若你的直屬上司沒把自己的人際關係照顧好，在職場上被邊緣化，那麼部門在整個企業中，說話權以及能見度很低，想當然爾，你能夠發揮的機會也相對較少。

豪格是媒體公司的主管，每次主管月會上，跟其他部門主管意見相左時，溝通過程總是很火爆，他不退讓的態度，讓人覺得他只在乎自身部門的利益。

老闆也把他貼上「衝突製造機」的標籤，不是很願意器重他。某一次他的下屬向我抱怨：「豪格的牛脾氣，讓其他部門的人都對我們有敵意，要什麼資源都很難，更別提成案率了，每一季的KPI總是沒能達標。我加入這間公司以來，好像都還沒有表現的機會，就直接被打入冷宮了。」

回歸到自省，如果檢視自己遲遲沒能升遷的原因，並非個人能力與人際的緣故，而是以上這三個原因，此時便是一個讓你好好思考的機會。這一站也許不是讓你發光的地方，或許有另一個機會等待你大展身手；這一處碰到的天花板，可能只是下一個衝刺的起跑點。眷戀與不確定感，是多少會有的，但你越捨不得走，就越晚翻開屬於你的精采樂章。當然不是立刻要你遞出辭呈，而是要開始準備整頓能力，好好布局自己的下一步。

# 3

# 主管朝令夕改讓我常做白工，久了也提不起勁工作

安迪是廣告公司的平面設計師，前幾天主管要求某專案要以A方案去執行，做事認真的安迪聽從主管的要求，全力進行，工作都已做到一半了，主管臨時又說要改成B方案。不但過去幾天熬夜工作的心血白費了，安迪手上還有好幾個案子等待處理，搞得他工作時程大塞車，安迪忍不住抱怨：「難道不能想清楚再下達指令嗎？害我白白浪費時間跟心力……」

不知道大家有沒有類似的經驗，某天早上你換好了衣服後，出門前突然不知道怎麼的，想要換另一套衣服改變穿搭？或者出門前，外頭看起來豔陽高照，怎知到了傍晚突然變天，下起傾盆大雨。

「變化」對我們來說，是長期共存的關係。

我是一九八二年出生，經歷過跨世代巨大的演變，不論是科技或生活，都有非常顯著的變化，舉例來說，從一開始的公共電話、B.B. Call到手機，從twitter、facebook到Istagram，過去知識與資訊的傳遞速度沒那麼快，隨著時代演進，如今來到了VUCA*的年代。

舉個例子來說，Nokia在我年輕的時代，幾乎就是手機界的霸主，是人們買手機第一考量的品牌。然而Nokia以為只要單純開發手機硬體，顧客一定會買單，沒想到多年後的市場波動如此劇烈，各種新科技的崛起，包括App軟體的發展，增加無法預測的不確定性。就連做系統的Google跟做電腦的Apple，也直接或間接成為競爭對手，競爭者的界線越來越模糊，誤判的風險也相對升高了。早上認同的事情，可能隨著資訊量的增加，下午可能就轉了風向，這就是VUCA年代的樣貌。

＊意思是多變性（Volatile）、不確定性（Uncertain）、複雜性（Complex）與模糊性（Ambiguous）。

## 改變是為了順應時代

「這世界唯一不變的，就是這個世界會一直不斷改變。」這句話看似老生常談，卻是真理。新的決策不見得比舊的好，但都是基於為了優化舊決策而做的調整，不去學著跟時代共存，就會被時代的洪流所淘汰。**沒有一個決策能夠適用所有狀況或是不用改變的，改變是為了順應時代**。

以近期的中美貿易戰來看，這事件在無形中引發了不少企業在決策布局上的改變。許多製造商，都擔心這樣的不確定性會影響日後的生意，於是即便忍痛斬斷已有的投資也要力求存活，改轉向東南亞或墨西哥設廠。也許最後不見得會受到波及，但把雞蛋放在不同籃子降低風險，是企業不能不做的事。而這件事看在旗下員工眼中，説穿了就是政策變卦，定會造成許多麻煩，但這是讓企業得以正常營運所做的決定，否則最糟的情況可能會裁員或倒閉，比起這樣，是不是覺得這樣的朝令夕改，只是老闆在兩害相權取其輕。

有的人會認為，主管並沒有想那麼多，只是因為喜怒無常的情緒化所以才朝令夕改，但我必須説這樣的比例很少，下達一個政策跟指令，目的是為了能夠達到產能跟績效，不太可能因為情緒使然，刻意去摧毀一個穩當會往好方向發展的布局，通常會因為獲得的資訊量變多，綜觀考量下做出最適合的決策調整，的確改變會影響到這其中的執行者，但這絕對不是任何人樂見的事。

在飯店業服務的蘇菲，表現受到主管極高的讚揚，總經理詢問她對於副理這個職位有沒有興趣，有意栽培讓她升職，她開心自己的努力受到肯定，私下也找了好友提前慶祝。然而新的人事命令頒布後，副理的職位居然不是她，而是總部的艾蜜莉。

蘇菲感覺被總經理耍了，跑去質問總經理：「你不是問我要不要升副理嗎？我都表態願意接下這份挑戰了，結果為什麼不是我？」一氣之下她也一併遞出了辭呈。總經理對她說：「蘇菲，我知道妳不好受，會認為我說話不算話，原先我已經把妳的名字往上呈報，但因為艾蜜莉是集團培訓的儲備主管，在她結束培訓準備分發職務時，總部才發現目前只有副理職位空缺，必須把艾蜜莉安排在這個位子上。沒做到答應妳的事，很抱歉，但我是真的有意提拔妳。」最後，蘇菲仍然氣不過，還是離開了。

幾年後，在一場朋友的聚會上，蘇菲跟我提起這件往事，她感嘆的說：「在職場上經歷了這麼多年，發現要碰到一位願意栽培下屬的主管，真的是難能可貴。當時真該沉住氣才是，也許當初繼續待著，搞不好表現比艾蜜莉好，搞不好總部會給我其他的職位，搞不好……」

千金難買早知道，主管的決策也是同樣，每個人都不是算命大師，無法預測下一步的走勢會如何，沒有誰是「故意」改變指令要讓誰難受。

## 遇到改變，不是只能聽話照做

你可能也會想要去「理解」主管朝令夕改的原因，但主管通常只會丟下一句：「這個案子先不要做了，改成這個方向。」而不會多說其他原因。面對改變你一定很不開心，多少會有點不舒服，也可能會充滿負面情緒。然而在這個改變的決策背後，我們也可以試著去想想是否帶來更好的可能。與其心不甘情不願的重做，不如等情緒好一點了，主動去請教主管調整決策背後的原因，一來是也許還有轉圜的餘地，二來是你可以知道主管看到什麼是你沒看到的，藉此學習他的思考脈絡。

我曾看過一篇報導，雅芳在SARS期間原本計畫推出口紅的目錄封面，但總經理突然轉變政策：「現在人人自危，出門都戴口罩，這時候主推口紅會有人要買嗎？」審慎判斷下緊急撤下這個專案，改推在家美容的方案，結果讓業績不減反增。

如果你碰到的主管不是像上述案例中的那樣，經過剖析後給予新的方向，而是屬於優柔寡斷，容易變來變去的那種，那麼你的反應會是什麼？

選擇不甘願的執行，然後重複看著朝令夕改發生嗎？其實你可以有更好的做法，建議你同時準備多種版本方案，提供完整的資訊給主管，分析其中的利弊與差異，縮小選擇範圍，並從主管的選擇中，摸索他決策的方向跟關鍵點，只要這個關鍵點搞定就沒問題了。

**在每一次的提案討論中，先貼近與認同主管的想法，進而洞悉各種可能的方案，在其中排除主管的擔憂點，最終提供你的執行計畫。**

某飯店今年營業額未達期望目標，對於明年也相當擔憂，總經理下達一個指令，要求人資單位暫停新人招募，各部門精簡人力，希望透過降低人事成本，以維持帳面上的營業成績。一般來說，員工接收到這樣的指令後就是照辦，然而小宗不這麼認為，他剖析了現況更分析了未來，在執行前主動跟總經理溝通：「老闆，針對提升公司營業額的部分，相信大家都共體時艱做了許多努力，適度的人力調配是很好的方案。不過在執行前，我稍微做了一點研究，發現接下來即將有三間國際飯店會相繼開幕，我計算過，平均每間飯店開幕時，都會從我們飯店挖角人才，大致上會流失百分之十左右的數字。的確以目前來講，我們的人力是剛好營運的狀態，但是難保在經過連續三次的流失後，會不會造成人力缺口。如果我們現在就暫停招募，到時候可能會有倉促找人的狀況，或者我們可以預防性的繼續招募，減緩招募的速度，除了更加審慎評估人選，也趁這時候重整面試流程，老闆您覺得如何呢？」

你的主管可能沒有想得很周全，但你可以。花點時間做事前研究，有時候反而節省了做白工的可能。

# 4

# 如何找回工作的意義，療癒在工作裡受的傷？

小麥是媒體企劃編輯，一直都很喜歡這份工作，懷抱著改變媒體風氣的使命，每天都勤奮努力著。一路走來跌跌撞撞，受了不少的傷，才擁有今天的成績，然而最近卻時常覺得空虛、感到心累，即便知道應該要堅守自己的理念，仍會有需要妥協跟犧牲的時候。

小麥說：「我沒有後悔選擇這份工作，只是內心的憋屈感，總會讓我有種喘不過氣的煩悶。我以為經歷了那麼多，自己早已不再迷惘，卻還是時常隱隱作痛著。」

如果你對小麥的話感到心有戚戚焉，表示你在職場上擁有一定的累積與成就，而且對於自己正在做的工作是具有自主性（Autonomy）、掌握性（Mastery）以及使命感（Purpose）的。自主性，是具有主宰自己行為跟選擇的態度；掌握性，是對自己現在具備的能力有相當程度的信心，且想要做得更好；使命感，是渴望自己的工作能對他人有所貢獻。A.M.P是心理學中很重要的激勵元素，意味著你應該會因此而感到滿足，但為什麼還會感到迷惘呢？

因為**我們誤以為要在工作中找尋意義，或是賦予它一個意義，好讓我們充滿動能能突破每一個難關與挑戰；然而，真正帶給我們動力的，是來自於生命中，某個期待被滿足的價值**。每個人對於生活的意義設定都不盡相同，有的人希望平平安安的渡過一生，有的人希望改變現況中的某個窘境、有的人希望帶給一家子溫飽、有的則希望證明自己的能力等。透過工作的努力付出，來幫助自己達到那個重要的意義，工作是一個實踐你對於生活期待的手段，當你明確知道自己的核心（Why），將會延伸出許許多多個執行方法（What）。

班很重視幼兒教育，大學期間便開始兼職當英文家教，教導幼童在快樂中學習語言。海倫是小學老師，某一天與班聊到彼此對於教育的想法。

班說：「我雖然還沒有孩子，但我真心希望台灣的孩子能夠多元化的學習成長，不是填鴨式教育，而是能夠有機會培養獨立思考判斷的能力。」

海倫問：「嗯，那你有想過跟我一樣在學校當老師嗎？」

班點頭回答：「有啊，但目前教育體制仍有升學上的考量，有時候並不是那麼容易做到全方位的學習，所以我選擇從小學前開始著手，小孩還沒有這麼大的學習壓力，多面向的才藝教導跟啟發思考學習，在學齡前應該也是家長們比較能夠接受的時間點。」

海倫嘆了口氣說：「不過現在大家生得少，對於孩子的成長期待可能更高，有些家長從幼稚園就開始要求成績跟表現。你應該無法想像，小學生的競爭也很大。來自家長跟學校的壓力，往往會影響我的教學方式，有時候會覺得很沮喪，跟我原本教學的初衷好像有點距離。」

班點頭回答：「在教學路上的挫折我相信不會少，畢竟每個人對於怎麼教導的想法不盡相同，但我知道自己的中心思想是要培養孩子獨立思考的能力，不論用哪種形式教書，我一定要記得這個重要的意義。」

## 感謝，因工作得到的一切

**當你對於自己的生活訂下了期待，努力便有了意義；當你的工作跟生活能相互成就，付出便有了價值。**班喜歡教書的工作，同時間也知道可能會面臨到的困難，他試著看到事情的全貌，不是過度正面，也非全然悲觀。我相信海倫在一開始成為老師的時候，肯定也是滿腔熱情，但多年後，她只看到了自己無法改變的部分，而沒看到有多少學生受到她正面的影響。

走到現在的位置，你一定有所累積，也有所割捨。但你有沒有回顧這一路上的自己，多麼努力所爭取而來的成長？包括物質需求的滿足，比方說有車有房、不愁吃穿、買得起自己想要的東西、可以有額外的興趣等。回顧物質的需求並不市儈，馬斯洛提到人的基本需求，物質上的滿足是其一。工作幫助我們累積養分，滿足物質所需，對於財富能自由的掌控，同時生活品質有所成長，這是多麼值得感謝的事啊！

除了物質需求的成長，還有心理需求的滿足，比方說被人尊重、擁有良好的人際關係、任務達成的成就感等。當我們還是職場新鮮人的時候，多少會碰到需要妥協的情況，不見得每件事情都如預期，有時候需要為了五斗米折腰，甚至還可能懷抱著一些不甘願。走到今天的成就，回顧過往的時光，你會發現自己打開許多被侷限的枷鎖，可以改變的事情更多了、權限與選擇多了，這些無形的需求滿足，點滴都是我們成長的證據。

## 感謝，一直以來都認真努力的自己

泰國曼谷一位七十三歲的熱炒店老闆「痣姐」，從小為了維持家計在縫紉工廠工作，原本以為自己會成為專業的縫紉師傅，後來因工廠大火，她只好回到家中幫忙經營麵店，但這一做激發了她對於廚藝的熱情，痣姐每天都在鑽研做菜，但失敗的比成功的多。此外，家中的麵店是路邊攤，時常會被警察開單追趕，讓當時的她感到十分挫折。

而在二零一八年曼谷米其林指南大賞中，痣姐成為唯一獲選星級餐廳的曼谷街頭小吃，更被美食評論家譽為「炒鍋上的莫札特」。接受訪問時，她回顧自己的過往說到：「我不是一開始就很順利，一路辛苦走來，有許多淚水跟汗水夾帶在這個榮耀當中。幾十年來每天站著做飯超過十三小時，每一道菜都必須由我親手做，但我知道自己為什麼要這麼做，這是我覺得有趣也熱愛的事。」

已經如此知名的痣姐，也有需要妥協、感到委屈的時候。得獎後的她，有時需要配合政府進行觀光政策的宣導，關店不營業；有時還得進行廚藝教學。這不見得是痣姐原本開餐廳的初衷，也不是最熱愛的項目，但她知道這些都是累積的過程，也清楚看到了自己一路走來的成績。

電影冠軍大叔說到：「為自己奮鬥叫生存，為愛的人奮鬥叫做生活。」你知道自己到底為了什麼而這麼努力嗎？這裡面所謂「愛的人」，除了你在乎的對象之外，還包含了自己。

我們鮮少肯定與感謝自己。感謝自己過去的選擇、感謝一路以來不放棄的堅持、感謝自己不斷努力過好每一天……我們跟這麼努力的自己，說了些什麼？

「謝謝你，在我最需要勇氣的時候，願意踏出第一步。」

「謝謝你，在每一次的危機當中，還能臨危不亂的處理事情。」

「謝謝你，願意積極面對每一次的挑戰，想辦法去克服這些困難。」

「謝謝你，在我最需要專注的時候，身體健康平安。」

我們的身心，也需要鼓勵，工作中受了傷，別在生活中還糟蹋自己。也許我們不像名人，有機會接受採訪，但適時的幫自己做個回憶錄，看看這一路走來，我們戰勝哪些困難與低潮，習得哪些新的技能與成就。我們都太習慣往前衝刺，而忘了回頭看看自己刻劃了何種的美景。

請看著那些傷疤，好好的感謝，它陪我們走過的戰功與碩果。

HEART
心|視野 心視野系列 055

# 職場會傷人

## 本該施展抱負的職場，為何讓人身心俱疲？

作　　者　方植永（小安老師）
總 編 輯　何玉美
責任編輯　王郁渝
封面設計　盧卡斯工作室
內文排版　顏麟驊

出版發行　采實文化事業股份有限公司
行銷企劃　陳佩宜・黃于庭・馮羿勳・蔡雨庭
業務發行　張世明・林踏欣・王貞玉・林坤蓉
國際版權　王俐雯・林冠妤
印務採購　曾玉霞
會計行政　王雅蕙・李韶婉
法律顧問　第一國際法律事務所　余淑杏律師
電子信箱　acme@acmebook.com.tw
采實官網　www.acmebook.com.tw
采實臉書　www.facebook.com/acmebook01

I S B N　978-986-507-044-1
定　　價　320元
初版一刷　2019年10月
初版三刷　2019年10月
劃撥帳號　50148859
劃撥戶名　采實文化事業股份有限公司
104臺北市中山區南京東路二段95號9樓
電話：（02）2511-9798
傳真：（02）2571-3298

國家圖書館出版品預行編目資料

職場會傷人：本該施展抱負的職場，為何讓人身心俱疲？／方植永著. -- 初版. -- 臺北市：采實文化，2019.10
224面；14.8×21公分. --（心視野系列；55）
ISBN 978-986-507-044-1（平裝）

1. 職場成功法　2. 自我實現

494.35　108014297

采實出版集團
ACME PUBLISHING GROUP